室内设计师岗位技能

室内软装设计速成

SHINEI RUANZHUANG SHEJI SUCHENG

刘 绥　主 编
朱 婧　副主编

化学工业出版社
·北京·

内容提要

本书汇集了室内软装设计理论和设计实践的知识要点，通过系统化的论述，详细讲解了软装设计的各个节点，为初学者迅速成为一名合格的软装设计师打开了便捷之门。

本书包括六个章节内容，第一章为快速认识软装设计，带领学习者迅速了解软装设计的相关知识；第二章为软装设计主流风格，涵盖了十一种常见的软装设计主流风格的特点、常用元素、设计技巧和设计效果图；第三章和第四章详细讲解了软装设计元素和设计原则；第五章为软装设计流程，并以实践案例来进行解析；第六章为软装设计手作实训。

本书适合作为高职高专院校室内设计、环境艺术设计等相关专业的教学用书，也可供室内设计的从业者参考使用。

图书在版编目（CIP）数据

室内软装设计速成/刘绥主编. —北京：化学工业出版社，2020.8

（室内设计师岗位技能）

ISBN 978-7-122-36952-9

Ⅰ.①室… Ⅱ.①刘… Ⅲ.①室内装饰设计-高等职业教育-教材 Ⅳ.①TU238.2

中国版本图书馆CIP数据核字（2020）第083855号

责任编辑：李彦玲　　装帧设计：王晓宇
责任校对：刘曦阳

出版发行：化学工业出版社（北京市东城区青年湖南街13号　邮政编码100011）
印　　装：北京宝隆世纪印刷有限公司
787mm×1092mm　1/16　印张7½　字数160千字　2020年8月北京第1版第1次印刷

购书咨询：010-64518888　　售后服务：010-64518899
网　　址：http://www.cip.com.cn
凡购买本书，如有缺损质量问题，本社销售中心负责调换。

定　　价：49.80元

前言

PREFACE

室内设计是一项非常繁杂的设计工作，本身具有科学、艺术、功能、审美等多元化要素。在室内设计中，室内建筑设计俗称为“硬装设计”，而室内的陈设艺术设计俗称为“软装设计”。“硬装”可以理解为建筑本身延续到室内的一种空间结构的规划设计，可以简单理解为一切室内不能移动的装饰工程；而“软装”可以理解为一切室内陈列的可以移动的装饰物品，包括家具、灯具、布艺、饰品、画品、花艺等，“软装”一词是近几年来业内约定俗成的一种说法，迅速成为一门独立而富有朝气的艺术行当。可以说：如果房子是一个杯子，把杯子倒过来，倒得出来的就是软装、而倒不出来的就是硬装。

其实陈设艺术自古有之，从远古先民的窑洞壁画开始，一直到明清时期陈设艺术达到顶峰。古代宫廷设立的“司设房”其实就是当时顶尖的陈设机构。软装陈设设计着重于对室内环境的美学提升，注重室内空间的风格化，体现独特个性化，“以人为本”是软装设计的主导思想。一个空间里的陈设设计要体现出主人的品位，就要将家具、灯具、纺织品、花艺等进行合理组合，创造出符合美学的空间环境，这就是陈设艺术设计师也就是软装设计师要做的具体工作。

在如今的室内设计中，软装饰越来越多地被重视，甚至某些单套室内装饰中软装饰的造价比例已经超过硬装基础的造价比例，这表明软装在整个室内设计中的重要性，“轻装修、重装饰”已经成为业界大趋势。

本书从最基础的设计元素和设计风格开始进行论述，介绍了大量的实训案例和设计案例，初学者只要按照本书所讲述的步骤逐步进行实施，就能轻松掌握每个环节，迅速地成为一名合格的软装设计师。

本书由刘绥主编，朱婧副主编，王静、景冰参编。本书在编撰过程中受到了很多朋友的支持与帮助，感谢沈阳爱益建筑工程公司总经理陈力，辽宁宏晟鑫贸易有限公司总经理罗方亮及沈阳富莱丽斯软装公司设计同仁等各界朋友的鼎力支持，同时也要感谢出版社编辑给予我的支持与帮助，正是因为有他们的帮助，才有了这本书的诞生，在此一并表示感谢！

编　者

2020年4月

目录

CONTENTS

第一章 快速认识软装设计

001

第二章 软装设计主流风格

008

第四章
04
Chapter

软装饰设计流程

软装设计手作实训

参考文献

快速认识软装设计

第一节　软装饰的概念

“软装饰”是相对于“硬装修”而言的。所谓“软装饰”，是指在室内基础装修完毕之后，利用易更换、易变动位置的纺织品、家具、艺术品、灯具、绿植、花艺等实用或装饰性的物品对室内空间进行的二度陈设与装饰美化。

实际上，从艺术诞生之日起，装饰也就随之产生了。装饰艺术需要夸张，需要大胆的艺术想象。人类社会早期的纺织品纹样、陶器纹样都表现出元素的装饰美感。在我国的民间艺术中，将夸张、变形、寓意等手法贯穿于创作中，使之具有稚拙的装饰美（图1-1）。20世纪早期的前卫画派的艺术风格具有明显的装饰特性，如野兽派等，都是人类重视装饰的表现（图1-2）。

图1-1

图1-2

所谓软装饰，有两层具体的含义。首先，“软”是相对其他硬质材料而言的。软装饰的另一层含义也是至关重要的，是指室内装饰品与人之间建立的一种“物人对话”的关系。如：色彩的冷暖明暗和色调作用于人的视觉器官，在感受色彩的同时也必然引起人的某种情感和心理活动；触觉的柔软感使人感到亲近和舒适；不同的材质肌理产生不同的生理适应感；造型线的曲直能给人以优美或刚直感；不同的花色取材，可以使人产生不同的联想。

置身于多样的空间环境，充分利用软装饰品的这些“与人对话”的条件或因素，才能营造出某种符合人们精神追求的居室氛围，创造出温馨、惬意、舒适宜人的情调空间。

家居饰品，作为可移动的装修，更能体现主人的品位，是营造家居氛围的点睛之笔，它打破了传统的装修行业界限，使装修内容的范围更广泛，含义更深远（图1-3）。

将工艺品、纺织品、收藏品、灯具、植物等进行重新组合，形成一个新的理念。“软装饰”更可以根据居室空间的大小形状、主人的生活习惯、兴趣爱好和各自的经济情况，从整体上综合策划、装饰装修，体现出主人的个性品位，而不会千家一面。如果家装太陈旧或过时了，需要改变时，只需重新装饰，就能呈现出不同的面貌，给人以新鲜的感觉（图1-4）。

图1-3

图1-4

第二节　软装设计分类

进行软装设计时，设计师应根据不同的使用功能和使用要求进行相应的规划与布置。按照使用性质来划分，可以分为家居空间软装设计（图1-5）、公共空间软装设计（图1-6），即家装软装与公装软装。

图1-5

图1-6

一、家装软装设计

家居空间软装设计主要是针对居住空间的客厅、餐厅、卫生间、书房、卧室等进行的家居配饰与陈设设计。这要以使用者的经济基础和兴趣爱好、性格特点等为依据。比如从事文化艺术工作的人对文化元素的追求比较明显，针对他们的家居软装设计就要考虑运用具有文化艺术内涵的器物、图案以及民俗元素等；为喜爱体育运动的人进行家居软装设计时不仅要考虑健身器材、体育用具，而且要营造运动的氛围，如动感的装饰物、流行型的造型等。

因此，家居空间的软装设计除了要使人能够获得家的温暖与舒适，更要能够传达居住者的个性与情感（图1-7 ~图1-9）。

图1-7

图1-8

二、公装软装设计

公共空间软装设计是指针对宾馆、会所、酒吧、商场、餐馆、办公室、博物馆等类型的公共区域的室内空间所进行的配饰与陈设设计。这种空间的设计主要是要满足特定空间的属性要求，并且营造出特有的氛围与环境，使置身其中的人能够感受到温情与舒适。

比如商场空间的软装设计，一方面要让购物者充分欣赏到货品；另一方面还要使其享受到购物的乐趣，这就要求空间设计中不仅要注重商品陈列、展架造型等效果，还应该注重灯光设计、休闲休息区设计、氛围营造等软环境的设计（图1-10）。

图1-9

图1-10

宾馆空间的软装设计要尽力为客人打造舒适、安静、优美的环境，让客人能休息好、心情好，因此在对宾馆空间进行软装饰设计时，要对大堂、客房、走廊等进行合理美化。比如大堂可以多采用织物、植物、水景等软元素来柔化环境，避免过多暴露石材、砖材、钢材等。走廊要陈设有艺术品与植物等，避免单调乏味。客房的软装设计也尤为重要，床背景的灯光与字画、地毯、窗帘、床上织物、沙发面料与造型、桌子上的摆件、卫生间的摆饰以及装饰柜的工艺品等都是不容忽视的（图1-11、图1-12）。

图1-11

图1-12

第三节　软装饰在现代装饰设计中的巨大作用

软装饰在一个室内空间中扮演的角色是无法取代的，它是整个空间营造氛围、塑造整体风格的点睛之笔。软装饰在整个装修过程当中是最后一道工序，也是极其重要的一个环节，是整个设计的灵魂，在室内设计中起到至关重要的作用。

图1-13

1.烘托室内气氛、创造环境意境

烘托室内气氛即内部空间环境给人的总体印象。如欢快热烈的喜庆气氛、亲切随和的轻松气氛、深沉凝重的庄严气氛、高雅清新的文化艺术气氛等。而意境则是内部环境所要集中体现的某种思想和主题。与气氛相比较，意境不仅被人感受，还能引人联想，给人启迪，是一种精神世界的享受（图1-13）。

2.创造二次空间、丰富空间层次

墙面、地面、顶面围合的空间称之为一次空间，由于它们的特性，一般情况下很难改变其形状，除非进行改建，但这是一件费时费力费钱的工程，而利用软装就是首选的好办法。我们把这种在一次空间划分出的可变空间称之为二次空间。在室内设计中利用家具、绿化、水体等软装创造出的二次空间不仅使空间的使用功能更趋合理，更能为人所用，还使室内空间更富层次感（图1-14）。

图1-14

3.表现个人喜好与品位

在室内环境下，软装饰相对来说随意性会比较大，可以根据个人的喜好进行不同的变换，这样能够营造出自己想要的装饰品位和风格。因此，可以很好地利用这方面的优势进行合理调整，改变室内的风格品位（图1-15）。

4.强化室内环境风格

陈设艺术的历史是人类文化发展的缩影。陈设艺术反映了人们由愚昧到文明、由茹毛饮血到现代化的生活方式。在漫长的历史进程中不同时期的文化赋予了陈设艺术不同的内容，也造就了陈设艺术的多姿多彩的艺术特性（图1-16）。

图1-15

图1-16

第二章 02 Chapter

软装设计主流风格

根据各地的建筑风格和地域人文特点的不同，软装风格大致可以分为：传统中式风格、新中式风格、欧式风格、日式风格、地中海风格、东南亚风格、田园风格、现代风格、工业风格、美式风格、英式风格、现代简约风格等。软装设计师根据各种风格的不同特点和元素进行相关的软装设计。

本章根据不同设计风格进行软装搭配技巧解析并配以案例（效果图全部以PS或美间软件制作）。

第一节　传统中式风格

一、传统中式风格特点

传统中式风格又称为古典中式风格，以古代宫廷建筑为代表。中国古典建筑的室内装饰设计艺术风格，以气势恢宏、壮丽华贵、高空间、大进深、金碧辉煌、雕梁画栋著称。造型上讲究对称，色彩上讲究对比，装饰材料以木材为主，图案多以龙、凤、龟、狮等为主，精雕细琢、瑰丽奇巧。其中又以明清时期的装饰陈设风格为代表，多以木装修为主，配以屏风、字画、宫灯、对联，装修格调高雅，造型简朴、优美，以线造型，讲究对称、均衡（如图2-1）。

图2-1

由于中国地域宽广，不同地域各有特色：北方注重气势，强调雄浑、厚重结实；南方则讲究灵气细腻，大量运用浮雕、圆雕等装饰手法。

二、传统中式风格常用元素

中国风的构成主要体现在传统家具（多以明清家具为主），装饰品及黑、红为主的装饰色彩上。室内多采用对称式的布局方式，格调高雅，造型简朴优美，色彩浓重而成熟。中国传统室内陈设包括：字画、匾幅、挂屏、盆景、瓷器、古玩、屏风、博古架等，追求一种修身养性的生活境界。中国传统室内装饰艺术的特点是总体布局对称均衡，端正稳健，而在装饰细节上崇尚自然情趣、精雕细琢，充分体现出中国传统美学精神。

在住宅的细节装饰方面，中式风格很是讲究，往往能在面积较小的住宅中营造出移步换景的装饰效果。这种装饰手法借鉴中国古典园林，给空间带来了丰硕的视觉效果（如图2-2）。

1.条案

条案在古代多数作供台之用，大型的有3 ~ 4m长，条案的脚造型多样，有马蹄、卷纹等形状，台面有翘头和平头两种。在现代家居中，有些屋子空间小，多数将规格改小，有作风水玄关之用，放在走廊、客厅、书房等地，台上面摆设自己心爱的装饰品，衬托一种和谐、庄重的气氛（如图2-3）。

图2-2

图2-3

2.屏风

屏风是古代建筑内部挡风用的一种家具，所谓“屏其风也”。屏风作为中国传统家具的重要组成部分，历史由来已久。其一般陈设于室内的显著位置，起到分隔、美化、挡风、协调等作用。

中式屏风是客厅、大厅、会议室、办公室的首选。它可以根据需要自由摆放移动，与室内环境相互辉映。以往屏风主要起分隔空间的效果，现代更强调其装饰性的一面。中式屏风总体分为浅浮雕中式屏风和深浮雕中式屏风两大类（图2-4）。

3.花板

花板外形多样，有正方形、长方形、八角形、圆形等。雕刻图案的内容多姿多彩，中国的传统吉祥图案都能在花板找到，尤其是四块长方形组合在一起，形成一幅完整图案，挂在客厅的沙发、电视地柜上面，更加点缀出一种典雅。这些装饰物数目虽少，却能在空间中起到画龙点睛的作用（如图2-5）。

图2-4

图2-5

4.圈椅、官帽椅

圈椅、官帽椅以高大、简约、线条流畅所著称，在中式装饰中起着重要作用。官帽椅分为四出头官帽椅和南官帽椅两种。两椅一几摆设在客厅、书房等地方，淳朴、沉稳油然而生（如图2-6、图2-7）。

图2-6

图2-7

5.书画

传统中式书画不只是一个类别，而是一个总的概括。广义来说是带点中式色彩的书画，比如常见的国画、书法、带有民族特色的民族刺绣画，或者是有中式元素的画都可以统称为中式书画（如图2-8）。

图2-8

三、传统中式风格软装搭配设计技巧

在中式风格的软装搭配中，只要掌握了其中的搭配技巧，设计就会变得非常容易。下面介绍传统中式风格的几个设计要点。

1.中式元素

在中式风格的软装搭配中，有一些必不可少的风格元素，如中国传统的字画、瓷器、中国结、京剧脸谱、宫灯等，这些元素是中式风格装饰的代表，能够很好地体现中国悠久的历史文化。

2.典型图案

在中式风格的装饰中，还有一种不可或缺的软装搭配就是字画。中国传统的字画向来喜欢用一些典型的图案，例如大自然中的花、鸟、虫、鱼。这些具有代表性的图案不仅能够体现出中式风格的韵味，还能展现出屋主的品位心性。

3.色彩妙用

中式软装部分的色彩搭配，设计师往往会选择具有代表性的中国红和中国蓝。还有一种比较常见的中式色彩就是深红的原木色，有种浓浓的复古风，能够很好地彰显中国的传统文化。当然这些颜色一般都过于深重，这时候可以选择一些大型的盆栽或者吊兰，营造一些绿意，会让人放松一些。

4.中式风格软装搭配设计原则之对称原则

中华民族向来遵循传统的东方美学，力求对称之美。在设计时，不仅要考虑到如何融入中式元素，还要注意它的对称性。一般可以选择一些具有对称性的图案装点空间，然后把相应的家具、饰品对称摆放，营造出一种纯正的东方格调，才能够真正地展示中式传统装饰的魅力。

四、传统中式风格软装设计效果图

在进行软装设计搭配的时候，一些细节性的问题一定要注意，比如装饰、家具的对称性，一些典型图案的应用等（如图2-9 ～图2-13）。

图2-9

图2-10

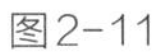

图2-11

图2-12

图2-13

第二节　新中式风格

一、新中式风格特点

新中式风格诞生于近几年，伴随整个社会的民族意识逐渐复苏，人们不再盲目地去摹仿欧美，而是开始探寻中国装饰设计的本土之路，并逐渐成熟。在这种时代背景下和消费市场促进下产生了新中式风格，并迅速地风靡全球。新中式设计将中式元素与现代材质进行了巧妙兼柔，突出了移步变景的精妙设计。而且中式风格并非完全意义上的传统复古，它通过强调传统中式风格的特点，来表现这种即端庄华美又清雅含蓄的典型东方风韵。

图2-14

可以说，新中式风格是传统中式风格在现代背景下的演绎，是对中国当代文化的充分理解基础上的现代设计。

新中式风格是中式元素与现代材质的巧妙融合，它将传统中式的典型符号，如明清家具、窗棂、布艺床品等经典元素与现代元素搭配在一起。新中式风格还继承了明清时期家居理念的精华，将其中的经典元素提炼并加以丰富，同时改变原有空间布局中等级、尊卑等封建思想，给传统家居文化注入了新的气息（如图2-14）。

新中式风格室内多摆放瓷器、陶艺、中式窗花、字画、布艺、皮具以及具有一定含义的中式古典物品等，将传统元素和现代元素相结合，以符合时代潮流的审美需求来进行传统韵味的塑造，让中式传统艺术在现代得到充分的体现。

1.新中式风格非常讲究空间的层次感

在需要隔绝视线的地方，通常使用中式的屏风或窗棂、中式木门、工艺隔断、简约化的中式“博古架”，通过这种新的分隔方式，单元式住宅就展现出中式家居的层次之美。再以一些简约的造型为基础，添加了中式元素，使整体空间感觉更加丰富，大而不空、厚而不重，有格调又不显压抑（如图2-15）。

2.新中式风格非常讲究细节装饰

为达到“移步就变景”的装饰效果，“新中式”会在空间中摆放大量的装饰品，包括绿色植物、布艺、画品以及不同样式的灯具等。这些装饰品可以来自世界各地，但空间的主体装饰物还是中国画、宫灯和紫砂陶等中国传统装饰物。这些中式装饰物的数量不在多，但在空间中起到了画龙点睛的作用（如图2-16）。

图2-15

图2-16

3.新中式风格的色彩

新中式风格在色彩方面秉承了传统古典风格的典雅和华贵，但与之不同的是加入了很多现代元素，呈现着时尚的特征（如图2-17）。

4.新中式风格的家具

新中式风格的家具可为古典家具或现代家具与古典家具相结合。在家具配饰上多以线条简练的明式家具为主（如图2-18）。

图2-17

图2-18

二、新中式风格常用元素

新中式风格软装元素包括家具、布艺、器具、花卉等众多元素。新中式风格重点追求精神层面的审美观，因而具有独特的艺术魅力，成为当下软装市场上的主流风格之一。

1.家具

应选择形制古朴，线条简约，色泽稳健，尺寸适宜的家具。摆设时应陈设端正，格局稳重，突出空间的大气与开阔。

2.布艺

布艺的选择以洁净整齐、质地舒适、做工细致为宜，可带有适合的图案，增添文化魅力。在放置或悬挂布艺品时，应根据居住者的习惯，同时兼顾室内环境的整洁大方。

3.器具

器具主要指茶具、酒具、咖啡具等日常使用较多的器物，选择此类器具应以使用方便，造型简洁、大小适中为佳。器具的摆放则讲究整齐有序，切忌凌乱闲置，破坏空间的视觉整体性。

4.艺术品

艺术品门类众多，材质各异，根据具体的居室环境进行选择。总体而言应富于民族特色，具有东方气质，造型不宜过于浮夸，材质不宜过度豪奢，以免打破新中式风格所注重的精神气质。放置或悬挂位置应巧妙，数量不宜过多，只起点缀作用即可，凸显空间本身的美。

5.花卉

选择花卉时，以造型别致，有代表性，符合时节为宜。花卉的陈列位置需仔细斟酌，应起到画龙点睛的作用。同时控制花卉的尺寸与数量，以免造成室内拥挤杂乱。

6.新中式软装设计注意事项

（1）不能简单地把传统设计元素都堆砌在一起

使用“新中式”装饰风格，不仅需要对传统文化谙熟于心，而且要对室内设计有所了解，还要能让二者的结合相得益彰。有些中式风格的装饰手法和饰品不能乱用，否则会带来居住上的不适，甚至会贻笑大方。

新中式装饰并不是传统文化的复古装修，而是在现代的装修风格中融入古典元素。它不是“1+1=2”的简单堆砌，而是设计师根据经验、驾驭设计元素的能力，以及对所面对的业主的深度分析后得出的一套“量身定制”的方案。

（2）对空间色彩进行通盘考虑

中式家具和饰品或颜色较深，或非常艳丽，在安排它们时需要对空间的整体色彩进行通盘考虑。另外，新中式装饰讲究的是“原汁原味”和非常自然和谐的搭配。

如果只是简单的构思和摆放，其后期的效果将会大打折扣。装饰的色彩一般会用到棕色，这种颜色特别古朴、自然。但如果房屋整个色调都是棕色，就会给人压抑的感觉。

（3）摆放传统物品莫“张冠李戴”

现在很多人喜欢传统老物件，有历史传承又古朴风雅，但是在摆放的时候一定要注意它原来的功用，摆放在恰当合适的位置，不能随意摆放，以免贻笑大方。

（4）新中式风格的把握

所谓新中式风格就是将作为传统中式家居风格的现代生活理念，通过提取传统家居的精华元素和生活符号进行合理地搭配、布局，在整体的家居设计中既有中式家居的传统韵味又更多地符合了现代人居住的生活特点，让古典与现代完美结合，传统与时尚并存（如图2-19）。

三、新中式风格软装搭配设计技巧

无论是哪种设计风格，只要掌握了其中的搭配技巧，设计就会变得非常容易。下

图2-19

面就来介绍新中式软装设计要注意的几个设计要点。

1. 选择性地应用传统造型和装饰

在利用传统造型元素的同时，要进行大胆的简化、变形、重组，甚至进行功能方面的置换。其寓意性减弱，更多地作为装饰性和文化传承性。

2. 紧密结合当代人的生活方式

相对于传统中式风格，适当地增强功能性。

3. 尝试新型装饰材料

现代社会生产节奏及效率提高，材料与工艺丰富多样。在用材方面不受传统风格的限制，应大胆尝试新型材料及新的制作工艺。

4. 增强家具的实用性

结合当代人的生活状态，在传统家具结构的基础上进行改变。

四、新中式风格软装设计效果图

作为现代风格与中式风格的结合，新中式风格更符合当代年轻人的审美观点（如图2-20 ~图2-25）。

图2-20

图2-21

图2-22

图2-23

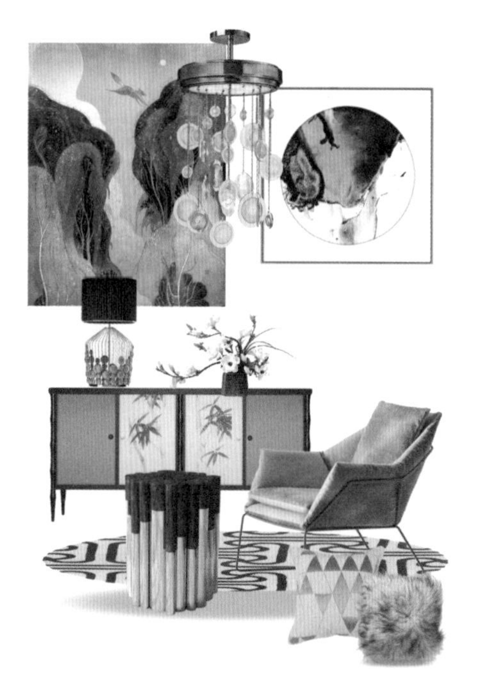

图2-24

图2-25

第三节　田园风格

一、田园风格特点

田园风格又称“乡土风格”“自然风格”“乡村风格”等，它提倡回归自然、返璞归真。不过这里的田园不单指农村的居舍，而是指乡村那种贴近自然，融于自然的风格，主题就是强调回归自然。

田园风格提倡以木料、织物、石材等天然材料来表现材料本身的质感，力求体现舒畅、悠闲、质朴而温馨的情调，营造出高雅、自然的氛围。材料上常采用石、砖、天然木、藤、竹等材质，并强调绿植效果。家具多古朴典雅、造型简单、设计直爽。常常将乡村中特有材料制成的产品放置于室内增强气氛，如竹筐、竹篮等竹制品及原木制品等，色彩以大地颜色、自然绿色及材质本身颜色为最多。

田园风格在美学上推崇“自然美”，最大的特点就是：朴实、亲切、实在。田园风格包括很多种，有英式田园、美式田园、法式田园、中式田园等，各有各的特色，各有各的美丽。

许多喜欢田园风格的人认为只有崇尚自然、结合自然，才能在当今高科技快节奏的社会生活中获取生理和心理的平衡。因此田园风格在设计上力求表现悠闲、舒畅、自然的生活情趣。在田园风格里，粗糙和破损是允许的，因为只有那样才更接近自然。

二、田园风格常用元素

田园风格的软装搭配中，有几种常见的设计元素经常出现。

1.碎花图案的布艺

田园风格经常应用以碎花图案为主的布艺元素，所以布艺沙发可以选用小碎花、小方格等一类图案，色彩上要选择粉嫩、清新的颜色，以体现田园大自然的舒适宁静。

2.自然风情的壁纸

壁纸是最容易打造家居氛围的，田园风格颜色可以选用小碎花的壁纸，或者直接运用手绘墙，这也是田园风格的一个特色表现。

3.亚麻及藤制品的应用

亚麻和藤制品是体现田园风格的重要元素。

4.铁艺灯具

在灯具上适合以精致的铁艺灯架，配以格子花纹布艺灯罩，在光线的穿透下，洋溢着纯朴的乡村风格气息。

5.绿植

大自然田园情调离不开绿植，布置田园风格的家居适合在室内多摆放一些花草植物，绿油油的植物、粉嫩灿烂的小花都是很不错的选择，而且还可以清新室内空气。

6.秋千椅

秋千椅可以说是田园风格家具里面最常见的了，在室内大大的窗户边，布置秋千椅，闲来没事坐一坐看着窗外的风景，是非常舒适的生活，也是体现田园舒适的精髓所在。

三、田园风格软装搭配设计技巧

1.色调丰富

田园风格色调很丰富，可以是春天的嫩绿色，也可以是丰收的金黄色，还有海洋的蓝色等，材质上尽可能选用木、石、藤、竹、织物等天然材料装饰。配饰上常有藤制品、绿色盆栽、陶器、瓷器等摆设（如图2-26）。

2.朴实

朴实是田园风格最受青睐的设计元素。喜欢该风格的人大部分都是低调的人，懂得生活。

3.田园风格的家具

家具多以浅色为主，木制的较多，木制表面涂油漆或体现木纹，或以纯白磁漆为主，但不会有复杂的图案，布艺配饰的图案也是根据整体风格来定的，选择的也是以花草为主，体现出乡村的自然感。家具在搭配时摆放不完全对称，以均衡手法来表现轻松的生活态度（如图2-27）。

图2-26

图2-27

四、田园风格软装设计效果图

田园风格的效果图设计以经典的几种设计元素为主，如田园风格的图案、色彩、面料、材质、绿植、铁艺、藤制品等等（如图2-28 ~图2-33）。

图2-28

图2-29

图2-30

图2-31

图2-32

图2-33

第四节　欧式风格

一、欧式风格特点

欧式风格在所有风格中是最显豪华气派的，给人尊贵、典雅、华丽、浪漫的感觉，装修上以华丽的装饰、浓烈的色彩、精美的造型为主。欧式风格最适用于大面积房子，在品质上适合追求浪漫和优雅气质生活的业主。但是对空间有限制，如果空间太小，不但无法展现其风格气势，反而对在其间的人造成一种压迫感。

欧式风格可分为几种类型：文艺复兴式、罗马式、哥特式、巴洛克式、洛可可式。其中最典型的当属巴洛克式与洛可可式。

1.巴洛克式

巴洛克是欧洲的一种艺术风格，最早流行于17世纪初至18世纪。其主要特色是强调力度、变化和动感，强调建筑绘画与雕塑及室内环境等综合性，使用各色

大理石、宝石、青铜、金等材料装饰，华丽壮观。将绘画、雕塑、工艺集中于装饰和陈设艺术上，墙面装饰多以展示精美的法国壁毯为主，同时镶有大型镜面或大理石，或以贵重木材镶边装饰墙面，用色华丽且用金色予以协调，以直线与曲线协调处理的猫脚家具和其他各种装饰工艺手段的使用，构成了整个室内庄重豪华的气氛（如图2-34）。

2.洛可可式

洛可可式是继巴洛克式之后在欧洲发展起来的。总体特征是轻盈、华丽、精致、细腻，以其不均衡的轻快纤细的曲线而著称。室内装修造型优雅，制作工艺、结构、线条具有婉转、柔和等特点，室内家具和装饰造型小巧、轻盈，通常采用织锦做壁挂和铺设，门窗、柜橱等装饰以大型刻花玻璃镜子，悬挂晶莹夺目的枝形灯、著名艺术家的绘画和雕塑品等（如图2-35）。

图2-34

图2-35

有时候洛可可风格和巴洛克风格从单个上很难分清楚。洛可可风格线条更柔美、纤细。在造型上常用对角线构图法。如果说洛可可风格是个娇柔的贵妇，那么巴洛克风格就是个古典绅士。

3.简约欧式风格

欧式风格兼备豪华、优雅、舒适、浪漫的特点，但如果运用在中等或较小的空间里，容易给人造成一种压抑的感觉，这样便有了简约欧式风格。

简约欧式风格是将古典欧式风格原有复杂、多样的线条与造型简化而已。

简约欧式风格有如下几个特色。一是室内构件，如柱式、壁炉、楼梯等；二是家具，如床、桌椅几柜等，常以兽腿、花束及螺钿雕刻来装饰。三是装饰，如墙纸、窗帘、地毯、灯具、壁画等。色彩上以红蓝、红绿及粉蓝、粉绿、粉黄为主，装饰以金银饰线。它在室内设计中首先特别重视比例、尺度的把握。其次，比较重视背景色调，墙纸、地毯、窗帘等装饰织物组成的背景色调对控制室内整体效果起决定性的作用（如图2-36、图2-37）。

图2-36

图2-37

二、欧式风格常用元素

1.门

包括房间的门和各种柜门，既要突出凹凸感，又要有优美的弧线，两种造型相映成趣，风情万种（如图2-38）。

图2-38

2. 柱

柱子造型很有讲究，以典型的罗马柱造型为主，使整体空间具有更强烈的西方传统气息（如图2-39、图2-40）。

图2-39

图2-40

3. 壁炉

壁炉是西方文化的典型载体，选择欧式设计风格时，可以设计一个真的壁炉，也可以设计一个壁炉造型，辅以灯光，营造西方生活情调（如图2-41）。

图2-41

三、欧式风格软装搭配设计技巧

下面就来介绍欧式风格设计必须具备的几种设计要点。

1.家具的选择

欧式风格的家具承袭了皇室贵族的家具特点，讲究精益求精的雕刻、裁切；轮廓讲究对称，曲线富有节奏感，线条很流畅，给人以艺术感和时代感。

除了精致的雕刻之外，欧式家具还常常采用镀金铜饰及复古仿皮家具，看着十分华贵优雅。家具的色调有艳丽色系，也有柔美色系，如果是古典欧式的装修风格，则可以选择以金色为主；如果是简约欧式的装修风格，则可以选择乳白色的，有着柔美花纹的家具。

2.地毯的选择

在欧式风格装饰中，地毯的选择是很重要的，它的主要作用是装饰地面，提升家装档次。地毯的独特质地与欧式家具的色调如果相应和的话，就可以彰显出浓郁的贵族风情。所以在选择的时候最好是根据家具色调与地板颜色来看，不能与其色差过大，还有就是要根据空间面积选用尺寸合适的地毯进行铺设，达到想要的效果。

3.灯具的选择

在欧式风格的家居空间里，灯具的烘托作用也是不可忽视的，精美的灯具可以让简约、单调的空间产生一种浪漫、朦胧的美感。欧式风格的装饰一般都会选择极具西方风情的灯具，客厅空间比较大的话可以在天花板中央安装一个精致的水晶吊灯。另外，局部再采用反射灯来填补对光的需求，让整个空间的灯光变得更加饱满。卧室的话可以选择一些光线柔和的灯具。

4.挂画的选择

欧式风格装修的房间里必然少不了挂画的装饰。可以摆放一些具有西方风情的挂画，如果是追求奢华之感，可以选用线条烦琐，看上去比较厚重的画框，描金或者雕花都很不错，能够反映出欧式风格的华美和浪漫。

5.窗帘的选择

欧式风格的客厅一般都比较宽敞，窗户也比较高大，可以选择具有质感的提花窗帘，这样能够体现出欧式的韵味，常见的丝绒、真丝这两种面料可以考虑，或者是选用质地较好的麻料也可以，其颜色和图案与家具的华丽，沉稳相对应。另外，可以配上一些装饰性较强的窗幔以及精致的流苏，可以起到画龙点睛的作用。

四、欧式风格软装设计效果图

欧式风格的设计华丽感十足，欧式的软装只要在整体上控制住，设计出来的效果就会非常打动人（如图2-42 ～图2-47）。

图2-42

图2-43

图2-44

图2-45

图2-46

图2-47

第五节　北欧风格

一、北欧风格特点

北欧风格是指欧洲北部国家挪威、丹麦、瑞典、芬兰及冰岛等国的艺术设计风格（主要指室内设计以及工业产品设计），北欧风格起源于斯堪的那维亚地区的设计风格，因此也被称为斯堪的纳维亚风格。在设计中注重功能，简化设计，线条简练，多用明快的中性色，具有简约、自然、人性化的特点。

1.以简洁实用为主

北欧风格简洁实用，体现对传统的尊重，对自然材料的欣赏，对形式和装饰的克制，并且力求在形式和功能上的统一；在建筑室内设计方面，就是室内的顶、墙、地三个面，完全不用纹样和图案装饰，只用线条、色块来区分点缀（如图2-48）。

2.家具设计功能化与舒适性

北欧家具具有很浓的后现代主义特色，注重流畅的线条设计，代表了一种时尚，回归自然，材质上崇尚原木韵味，外加现代、实用、精美的艺术设计风格，反映出现代都市人进入新时代的某种取向与旋律。

北欧人强调简单结构与舒适功能的完美结合，即便是设计一把椅子，不仅要追求它的造型美，更注重从人体结构出发，讲究它的曲线如何与人体接触时完美地吻合在一起，使其与人体协调，倍感舒适（如图2-49）。

图2-48

图2-49

3.现代与古典相结合

北欧风格的建筑是在原有的尖屋顶、斜屋面、石木结构的基础上增加了大面积的采光玻璃及钢结构。其结构简单实用，没有过多的造型装饰。原始石材及木纹暴露于室内，但其主题又偏向于现代钢木结构，室内效果形成了现代与古典相结合的效果（如图2-50）。

4.强调天人合一的自然气氛

北欧人在材质选择上永远是精挑细选，工艺方面强调至纯至真的手工艺，这种在现代工业社会被看作是活标本的技术，仍然在北欧国家的设计中广泛使用（如图2-51）。

图2-50

图2-51

5.木材是室内装饰的灵魂

为了有利于室内保温，北欧人在进行室内装修时大量使用了隔热性能好的木材。这些木材基本上都使用未经精细加工的原木，保留了木材的原始色彩和质感。北欧的建筑都以尖顶、坡顶为主，室内可见原木制成的梁、檩、椽等建筑构件。这种风格应用在平顶的楼房中，就演变成一种纯装饰性的木质“假梁”（如图2-52）。

6.黑白色的使用

黑白色在室内设计中属于“万能色”，可以在任何场合，同任何色彩相搭配。但在北欧风格的居室中，黑白色常常作为主色调，或重要的点缀色使用。材质上的精挑细选，工艺上的尽善尽美，使北欧风回归自然，崇尚原木韵味，外加现代、实用、精美的设计风格，反映出现代都市人进入后现代社会的另一种思考方向（如图2-53）。

图2-52

图2-53

二、北欧风格常用元素

1. 保留材质的原始质感

北欧室内装饰风格常用的装饰材料除木材以外，还有石材、玻璃和铁艺等，但都无一例外地保留这些材质的原始质感（如图2-54）。

图2-54

2. 浅色系的运用

北欧风格偏向浅色如白色、米色、浅木色。常常以白色为主调，使用鲜艳的纯色为点缀；或者以黑白简约一体化的黑、棕、灰和淡蓝等颜色搭配（如图2-55）。

3. 天然材质的运用

在窗帘、地毯等室内软装的搭配上，北欧人偏好棉麻等天然质地，崇尚自然舒适的感觉（如图2-56）。

图2-55

图2-56

图2-57

图2-58

图2-59

图2-60

三、北欧风格软装搭配设计技巧

在北欧风格的软装中，追求的是大空间的舒适度，要求空间布局不像寻常软装那样需要很多的家具饰品来进行装饰。

1.空间宽阔度和采光

北欧风格对于采光的要求很严格，本身就偏冷清，所以需要更多的阳光来进行点缀，落地窗更是标配。

2.风格要求简洁为主

配饰的要求以简洁为主，无论是形状，还是颜色，越是简单素雅，越是最佳之选，冷色调更是最为常见，简简单单，完美地烘托出北欧风格的感觉。

3.留白要求

北欧风格对于留白是很注重的，在北欧风格的装饰中，经常见到一整面白墙，没有任何的修饰，这并不是遗漏忘记装饰，是因为大面积的留白就是北欧风格中很常见的修饰手法，就是为了能更好地衬托北欧风格。

四、北欧风格软装设计效果图

北欧风格的软装设计是现代装修中最受欢迎的风格之一，简洁、现代，以浅色为代表，整体感舒适自然，同现代简约风格有着极大的相似，颇受年轻人的喜爱（如图2-57～图2-62）。

图2-61

图2-62

第六节　美式风格

一、美式风格特点

美式风格是美国生活方式演变到今日的一种形式。美国是一个崇尚自由的国家，这也造就了其自在、随意不羁的生活方式，没有太多造作的修饰与约束，不经意中也成就了另外一种休闲式的浪漫，而美国的文化又是一个移植文化为主导的脉络，它有着巴洛克的奢侈与贵气，但又不失自在与随意。

1.客厅简明

通常使用大量的石材和木饰面装饰；美国人喜欢有历史感的东西，这不仅反映在软装摆件上对仿古艺术品的喜爱，同时也反映在装修上对各种仿古墙地砖、石材的偏爱和对各种仿旧工艺的追求。总体而言，美式客厅是宽敞而富有历史气息的（如图2-63）。

图2-63

图2-64

图2-65

图2-66

2.卧室温馨

美式家居的卧室布置较为温馨，作为主人的私密空间，主要以功能性和实用舒适为考虑的重点，多用温馨柔软的成套布艺来装点，同时在软装和用色上非常统一。现代美式多用非炫目灯光，且尽量做到只见光不见灯的效果（如图2-64）。

3.厨房开敞

厨房一般是开敞的（由于其饮食烹饪习惯），同时需要有一个便餐台在厨房的一隅，还要具备功能强大又简单耐用的厨具设备，如水槽下的残渣粉碎机、烤箱等。需要有容纳双开门冰箱的宽敞位置和足够的操作台面。在装饰上也有很多讲究，如喜好仿古面的墙砖，厨具门板喜好用实木门扇或是白色模压门扇仿木纹色。另外，厨房的窗也喜欢配置窗帘等（如图2-65）。

4.书房实用

美式家居的书房简单实用，但软装颇为丰富，各种象征主人过去生活经历的陈设一应俱全，被翻卷边的古旧书籍、颜色发黄的航海地图、乡村风景的油画、一支鹅毛笔……即使是装饰品，这些东西也足以为书房的美式风格加分（如图2-66）。

二、美式风格设计元素

1.墙面装饰

美式风格的墙面处理方式主要采用墙裙和护墙板。当然它的装饰方法还有许多种，例如裸砖墙、乳胶漆等装饰手法。美式风格的墙面通常采用自然材质与色彩为背景，让人感觉非常舒适且充满生活气息。

2.顶面装饰

美式风格的天花板主要以石膏线、木线条等元素为主。石膏线是美式风格中的重要元素，只需经过精心搭配，就能展现出很好的效果。美式房屋多以木质为主，因此，木条线、木梁在顶面装饰也很常用（如图2-67）。

图2-67

3.壁炉

对于生活在现代都市的人们来说，可以将壁炉设计成实用和装饰兼顾的类型，比如将壁炉与电视背景墙融合在一起，或者在壁炉内镶嵌带有动态火焰的电取暖设备，设计的时候要考虑好电器设备的散热和隔热。在壁炉前面摆放一组沙发，营建一个休闲区。壁炉一般都靠墙设计，不会占用太多空间，当炉门在夏季封闭后，就形成了一个很隐蔽的储藏空间。

图2-68

4.美式家具

美式家具中常见的是新古典风格的家具。这种风格的家具，设计的重点是强调优雅的雕刻和舒适的设计，在保留了古典家具的色泽和质感的同时，又注意适应现代生活空间。在这些家具上，我们可以看到华丽的枫木绲边、枫木或胡桃木的镶嵌线、纽扣般的把手以及模仿动物形状的家具脚腿造型等。

图2-69

美式家具因为风格相对简洁，细节处理便显得尤为重要。美式家具一般采用胡桃木和枫木，为了突出木质本身的特点，纹理本身也成为一种装饰，可以在不同角度下产生不同的光感（如图2-68）。

另外，美式家具的油漆多半以单一色为主，在装饰上会延续欧洲家具的风铃草、麦束等图案装饰或加入美国特有的图形，如鹰形图案等；并常用镶嵌的装饰手法，饰以油漆或浅浮雕刻（如图2-69）。

美式家具实用性比较强，如：有专门用于缝纫的桌子，可以加长或折成几张小桌子的大餐台等。另外，美式家具中的五金比较考究，小小一个拉手便有上百种造型。

三、美式风格软装搭配设计技巧

1.植物体现自然

这是美式装修风格喜欢体现自然惬意，所以美式田园风格的装饰布置有一大特点就是居室内有很多的绿色植物，一般都是终年常绿不开花的植物，房间的地面、柜子上、桌子上都可以见到绿植的身影。所以在美式风格软装搭配上我们可以多选用绿色植物，形成错落有致的格局与层次感。

2.牛仔体现个性

美式风格的房子都比较有个性，牛仔在房内的布局也是一大特点，一般体现在沙发家具上，可以选用精致的牛皮或者牛仔纹理的布艺沙发，以使用舒适为主。

3.仿古艺术品体现文化气息

美式风格搭配常常用仿古艺术品凸显文化艺术气息，被翻卷边的古旧书籍、动物的金属雕像等，这些东西搭配起来呈现出深邃的文化艺术气息。

4.壁灯体现高雅

美式家居里面壁灯是很常见的，一般选用古典的壁灯或落地灯，昏暗的灯光与居室搭配起来显得特别高雅。

5.装饰画点缀空间

美式风格家居装修都少不了装饰画，如现代风格的一般放抽象另类的油画，乡村田园风格的大多放乡村风景油画……美式的家居空间一般都比较大，在空阔的环境中加一幅别有特色的壁画，无疑给人一种心旷神怡的感觉。

四、美式风格软装设计效果图

美式软装风格是一种深受移民文化影响的混搭风格，融合多种风格于一体，集众家之所长，通常运用体量较大，造型简洁的家具，搭配质地柔软、素雅明快的布艺品，营造出集典雅贵气与舒适休闲为一体的家居环境，体现了美国人自由随意的生活态度（如图2-70、图2-71）。

图2-70

图2-71

第七节　东南亚风格

一、东南亚风格特点

东南亚共包括11个国家：越南、老挝、缅甸、泰国、柬埔寨、马来西亚、新加坡、印度尼西亚、菲律宾、文莱和东帝汶。印度属于南亚国家，因风格相似，故统称东南亚风格。

东南亚风格是一种结合了东南亚民族特色及精致文化品位的家居设计方式，强烈的民族感、充满异域风情的装饰、鲜明的色彩对比、传统手工的饰物，往往是东南亚风格的写照（如图2-72）。

东南亚式的设计风格之所以如此流行，正是因为其崇尚自然、原汁原味，注重手工工艺，颇为符合时下人们追求健康环保、人性化以及个性化的价值理念。

二、东南亚风格常用元素

东南亚风格偏于深色调，带有古典风味，色彩大胆，艳丽斑斓。其在设计中广泛地运用了木材和其他的天然原材料，如藤条、竹子、石材、青铜和黄铜、锡等，家具采用深木色，局部采用一些金色的壁纸、丝绸质感的布料，以及炫目的灯光，体现了厚重和豪华感，其顶面常喜欢用深色木条来装饰，墙面常小面积使用仿古砖。整体装饰给人一种不拘小节，心情舒畅，且不失高雅的格调。

软装木石结构、砂岩装饰、墙纸的运用、浮雕、木梁、漏窗……这些都是东南亚传统风格装修中不可缺少的元素（如图2-73）。

图2-72

图2-73

1.装饰品的宗教色彩

东南亚装饰品的形状和图案多和宗教、神话相关。芭蕉叶、大象、菩提树、莲花等是装饰品的主要图案（如图2-74）。

2.家具大多就地取材

木材、藤、竹成为东南亚室内装饰首选，比如印度尼西亚的藤、马来西亚河道里的水草（风信子、海藻），以及泰国的木皮等纯天然的材质。色泽以原藤、原木的色调为主，大多为褐色等深色系，在视觉感受上有泥土的质朴，加上布艺的点缀搭配，非但不会显得单调，反而会使气氛相当活跃，在布艺色调的选用上，东南亚标志性的炫色系列多为深色系，且在光线下会变色，沉稳中透着一点贵气（如图2-75）。

图2-74

图2-75

3.铁艺和铜饰件

木材和铁艺相融合，并配有各种雕花的铜饰件，不露奢华，尽显内敛的特色，充分展现东方特有的古老神秘气息（如图2-76）。

4.手工彩绘

手工彩绘是其家具的另一大特点，有各种人们常见的动物造型与图案，吉祥的大象、骆驼、蒙面纱的美女以及各种美丽的花朵。因为印度崇尚手工制作，故每件产品都不尽相同，更符合现代社会追求个性和品位的特点（如图2-77）。

图2-76

图2-77

三、东南亚风格软装搭配设计技巧

1.色彩视觉感受浓烈

东南亚风格在色彩上视觉感受浓烈。多运用宝蓝、紫罗兰、玫瑰红、明黄等色彩鲜明、纯度高的色彩来进行搭配。

2.强调细节的点缀

东南亚风情的卧室中多放置一条艳丽轻柔的纱幔、几个色彩妩媚的泰式靠垫，累了，慵懒地倚在泰式靠枕上舒松筋骨。泰丝的流光溢彩、细腻柔滑，看似不经心的点缀，却是东南亚风情最不可缺少的道具（如图2-78）。

图2-78

四、东南亚风格软装设计效果图

东南亚风格尽显内敛的特色，充分展现东方特有的古老神秘气息，被越来越多的人喜欢（如图2-79 ~图2-84）。

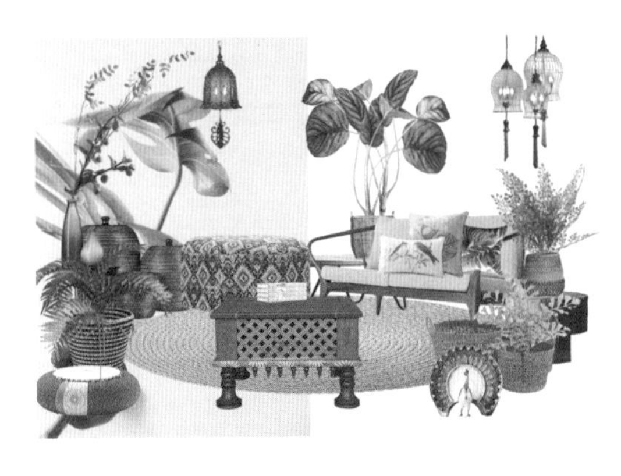

图2-79

图2-80

图2-81

图2-82

图2-83

图2-84

第八节　日式风格

一、日式风格特点

由于日本文化起源于中国，人们对日式风格常有一种似曾相识的感觉。其特点是低视点，也就是室内的家具都很矮，进门是榻榻米，人们席地而坐。另外，室内装饰简洁、变化不多，色彩较单纯，多为浅木本色，日式风格中应用较广泛的还有和式木门。

1.多功能

居室白天放置书桌就是书房，放上茶具就是茶室，晚上铺上寝具就是卧室，具有多功能性（如图2-85）。

2.装饰特点

室内装饰主要是日本式的字画、浮世绘、茶具、纸扇、武士刀、玩偶及面具等，色彩单纯简洁，室内气氛清雅淳朴（如图2-86、图2-87）。

3.注重室内外情景交融

日式非常注重室内与室外环境的沟通，讲求室内和室外一体，追求天人合一的境界（如图2-88）。

图2-85

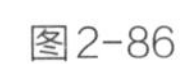

图2-86

图2-87

图2-88

二、日式风格常用元素

1.采用天然材质

日本人偏爱用木料、石头、竹子、藤、石板、细石等简素材料来进行装饰，以粗糙的质地、随意的形态，体现出自然的本色之美。地面材质为草席、地板，墙面为涂料或壁纸，天花板以木构架为主，配以浅色的窗纸。门窗、天花、灯具均采用格子分割，手法极具现代感（如图2-89）。

图2-89

2. 日式装饰

为了打造日式风格，常用榻榻米、日式隔窗和日式桌椅等传统的日式装饰。合理利用这些传统装饰能非常简单地达到理想的效果。

三、日式风格软装搭配设计技巧

日式追求一种悠闲随意的生活意境。空间造型简洁，设计上采用清晰的线条，在空间划分中摒弃曲线，具有较强的几何感。

1. 颜色清新

在颜色方面，日式软装多以白色和黄色调为主，色调显得自然明亮。整个空间的色彩不会显得刺眼突兀，而贴近自然。

2. 简洁实用

日式风格注重物品的实用性，同时也追求简单。过于复杂的软装会使房间失去质朴的味道。

3. 土洋结合

要营造一个日式风格的房间，不仅要运用日本传统元素，还要将金属、大理石等现代风格巧妙融合进去。

4. 线条方面

清晰明快的线条能很好地表现出日系风格，软装配饰给人的感觉要干净，所以不宜选用多边形或者复杂的几何图案。

四、日式风格软装设计效果图

日式风格软装配饰离不开“自然”二字。日式风格有自己独特的内涵，所以在选择设计的过程中，要把握好雅致的颜色、简单的形状和自然的材质三个方面，避免奢侈华丽的物品和装饰，表现出人与自然的和谐，力求表现出淡泊平静的感觉（如图2-90～图2-93）。

图2-90

图2-91

图2-92

图2-93

第九节　工业风风格

一、工业风风格特点

工业风源于英文单词Loft，Loft在牛津词典上的解释是“在屋顶之下、存放东西的阁楼”。Loft的内涵是高大而敞开的空间，具有流动性、开放性、透明性、艺术性、简单性、现代性等特征。

二、工业风风格常用元素

1.铁制品和裸露的砖墙、管线

在工业风中，经常采用铁制品和裸露的砖墙及外装的管线作为装饰。无论是楼梯栏杆，门窗或家具，甚至配件，都可以使用锻铁产品。锻铁产品不仅粗糙耐用，而且耐用且凉爽。它们是工业风不可或缺的元素之一（如图2-94）。

2.灯具

选择一些简单或复古的灯具。由于大多数工业风室内黑暗，更适合用明亮、柔和的光来增加光源。

3.独特的黑白灰与原木色的运用

由Loft仓储空间演变而成的工业风，多以铁皮和旧木搭建而成，在其中绝对看不见缤纷的色彩，空间中多半呈现建材的原有颜色。以黑白灰塑造空间基调，能仿造仓库和工厂的冷调氛围。透过棕色原木或旧木注入住宅必备的温暖与安全感，让颜色成为打造工业风空间的第一步（如图2-95）。

4.配饰品和家具

有别于细心染色处理的皮料，工业风擅长展现材料自然的一面，因此选择原色或带点磨旧感的皮革制品的家具或饰品，颜色上以焦糖或烟熏色为主。皮件经过使用后会产生自然龟裂与色泽的改变，提升工业风格历史悠久的独特韵味（如图2-96）。

图2-94

图2-95

图2-96

5.别具一格的铁木混合式收纳架

工业风如果出现PVC或合成板材的柜体，那样整体风格将会大打折扣，而多采用铁质柜体。如果觉得太多铁质感觉冰冷，可以挑选铁件和原木混合的收纳架，黑色的材质搭配原木的温润，在机能和搭配上能创造双赢（如图2-97）。

6.经典的复古金属灯具

在灯具上必须延续金属的材质，它是最容易创造工业风格的物件，搭配在空间中能营造出一份精致感。裸露灯泡也是必备商品，迷恋工业风格的人们一定对各式的钨丝灯泡情有独钟（如图2-98）。

三、工业风风格软装搭配设计技巧

1.整体色调

黑色和白色是整个空间的基本颜色，增加了一些温暖、柔和的元素。如沉稳的灰

图2-97

图2-98

色搭配柔和的木质色彩，不仅可以抵消寒冷的空间，还能为空间增添一抹醒目的敏捷感，营造出轻松的氛围。

2.强调原始粗犷的感觉

工业风的精髓在于展现空间自然的面貌。因为用途的不同，毫不修饰的毛坯屋对于商业空间或住宅空间视觉感觉都太过强烈，所以设计中运用石砖和水泥这两大经典原始工业元素于住宅空间时，可以选择粗犷一点的红砖或是染色后的人造文化石来设计墙面，或者是使用水泥、仿混凝土效果的饰面灰浆涂刷地板或墙面，让原始建材诠释粗犷与细致等不同风貌，将工业风与居室完美融合，创造不同强度的工业风格（如图2-99）。

四、工业风风格软装设计效果图

工业风风格具有高大而敞开的空间，明线的设计有另一番韵味（如图2-100）。

图2-99

图2-100

第十节 现代简约风格

一、现代简约风格特点

现代简约风格是以简约为主的装修风格。简约主义源于20世纪初期的西方现代主义。

简约风格的特色是将设计的元素、色彩、照明、原材料简化到最少的程度，但对色彩、材料的质感要求很高。因此，简约的空间设计通常非常含蓄，往往能达到以少胜多、以简胜繁的效果。

1.简约不等于简单

简约不是简单“堆砌”和平淡的“摆放”，是经过深思熟虑后经过创新得出设计和思路的延展，比如床头背景设计有些简约到只有一个十字挂件，但是它凝结着设计师的独特匠心，既美观又实用（如图2-101）。

2.简约是更高层次的创作境界

在软装设计方面，不是要放弃与原有建筑空间配套设施的规矩和朴实，去对建筑载体进行任意装饰，而是在设计上更加强调功能、结构和形式的完整，更追求材料、技术、空间的表现深度与精确。用简约的手法进行室内再创造，它更需要设计师具有较高的设计素养与实践经验。设计师深入生活、反复思考、仔细推敲、精心提炼，运用最少的设计语言，表达出最深的设计内涵。删繁就简，去伪存真，以色彩的高度凝练和造型的极度简洁，在满足功能需要的前提下，将空间、人及物进行合理精致的组合，用最洗练的笔触，描绘出最丰富动人的空间效果，这是软装设计的最高境界（如图2-102、图2-103）。

图2-101

图2-102

图2-103

二、现代简约风格常用元素

1.灯饰

建议选用设计感较强、外观出挑的吊灯，尤其能修饰空间的现代简约气质，外形不要太过烦琐。

灯带的灯光颜色要与墙体主色相衬，如墙体（壁纸）为米色或其他素色，建议灯带颜色选用昏黄暖色；反之，如墙体为纯白色，则灯带灯光色宜偏冷偏白。

2.花艺、绿化造景和摆件

简约风格的装修通常色调较浅，缺乏对比度，因此可灵活布置一些靓丽的花艺、摆件作为点缀，花艺可采用浅绿色、红色、蓝色等清新明快的瓶装花卉，不可过于色彩斑斓，摆件饰品则多采用金属、瓷器材质为主的现代风格工艺品。

3.家具

简约风格的家装中所使用的家具也都是简单的造型，加上单一素雅的颜色，但是材料通用且环保，具有简单、实用的特点。

（1）沙发

选择简单、利落的造型，颜色也尽量不要五颜六色，不过要是上面的花纹是几何图案也可以。材质可以根据自己的喜好来选择。沙发上可以摆抱枕，颜色可与沙发颜色形成对比，款式不要多于3种，避免凌乱感。

（2）电视柜

选择时也要遵循简约的原则，尽量选择单色的木质+金属、金属+玻璃材质或全石材材质的产品，比如白色烤漆+超钢化黑色玻璃，就是常用的百搭款式。

（3）茶几

选择玻璃和金属或是木质材料与金属的搭配。

4.布艺织物

窗帘：选用单色（米色、黑色等）或简单几何图纹的布料，搭配常用白色纱帘即可。

地毯：建议采用颜色偏深的暖色单色绒地毯，如嫌单调，可选配有简单大方几何花纹的款式。

布艺是体现简约风格的重要元素，千万不要过于花哨，或颜色过于饱和艳丽。

5.墙饰

墙面多以浅色单色为主，易显得单调而缺乏生气，也因此具有大的可装饰空间，墙饰的选用成为必然。照片墙、装饰画和墙面工艺模型是普遍和受欢迎的。

三、现代简约风格软装搭配设计技巧

1.家具配置特点

多采用白亮光系列家具，独特的光泽使家具倍感时尚，具有舒适与美观并存的享受。在配饰上，延续了黑白灰的主色调，以简洁的造型、完美的细节，营造出时尚前卫的感觉（如图2-104）。

图2-104

2.配饰的简约

家居配饰上的简约，以不占面积、可折叠、多功能等性能为主（如图2-105）。

3.以实用性、功能性为主

简约的背后也体现一种现代“消费观”，即注重生活品位、健康时尚、合理节约科学消费。

图2-105

4.现代简约风格的色彩

现代简约风格的色彩搭配主要有五个色系。

（1）轻松色系

中心色为黄、橙色。选择橙色地毯，窗帘、床罩用黄白印花布。沙发、天花板用灰色调，再搭配一些绿色植物作为衬托，使居室充满惬意和轻松的气氛。

（2）硬朗色系

中心色为红色。整个居室地面铺红色地毯，窗帘用蓝白的印花布，与红色地毯成强烈对比。沙发选用黑色，家具以白色为主，墙和天花板也以白色为主，这样就可以避免对比强烈而显得刺眼。

（3）轻柔色系

中心色为柔和的粉红色。地毯、灯罩、窗帘用红加白色调，家具白色，房间局部点缀淡蓝，以增添浪漫的气氛。

（4）优雅色系

中心色为玫瑰和淡紫色。地毯用浅玫瑰色，沙发用比地毯浓一些的玫瑰色，窗帘可选用淡紫印花棉布，灯罩和灯杆用玫瑰色或紫色。再放一些绿色的靠垫和盆栽植物加以点缀，墙和家具用灰白色，可取得雅致优美的效果。

（5）华丽色系

中心色为橘红色、蓝色和金色。沙发用米黄色，地毯为同色系的暗土红色，墙面用深浅不同的蓝色调，局部点缀些金色、黑色，再加一些颜色作为辅助，便形成豪华格调（如图2-106）。

图2-106

四、现代简约风格软装设计效果图

一些线条简单、设计独特，甚至是极富创意和个性的饰品都可以成为现代简约风格家装中的一员（如图2-107～图2-109）。

图2-107

图2-108

图2-109

第十一节　地中海风格

一、地中海风格特点

地中海Mediterranean源自拉丁文，原意为地球的中心。在浪漫的海洋气息之外，家具尽量采用低彩度、线条简单且修边浑圆的木质家具。地面则多铺地砖，如果铺陶砖就更有当地色彩了。在厨房里，地面铺上陶砖，以白色为主体或多些白色，地中海风格就有了一个基础。在起居室，窗帘布、桌布与沙发套的选用上，可以用棉织物，图案用格子、条纹或细花的都很恰当，感觉纯朴又轻松。另外，光线在地中海风格里格外重要，地中海风格的美，就是海与天明亮的色彩、仿佛被水冲刷过后的耀眼的白墙，可以用一些半透明或活动百叶窗让阳光直接照进来（如图2-110）。

图2-110

二、地中海风格常用元素

1.蓝白对比色的色调

地中海风格最特别的是色彩，主要以蓝白为主色调。这种对比色的使用，使人感到宁静致远、心旷神怡，体现了其风格的浪漫情怀。家里的窗帘、沙发布等软装尽可能选用蓝白颜色（如图2-111、图2-112）。

图2-111

图2-112

2.白灰泥墙、铁艺、马赛克、拱门等

白灰泥墙、连续的拱廊与拱门、马赛克陶砖、海蓝色的屋瓦和铁艺门窗等都是地中海风格特有的元素。当然，设计元素不能简单拼凑，必须有贯穿其中的风格灵魂，以及表达海洋题材的饰物等（如图2-113 ~图2-116）。

图2-113

图2-114

图2-115

图2-116

三、地中海风格软装搭配设计技巧

1.材质

地中海风格家居中，窗帘、沙发布、餐布、床品等软装饰织物一般以天然棉麻织物为首选，地中海风格也有田园的气息，所以低彩度色调的小碎花、条纹、格子图案的布艺是其主要的装饰风格，并配以造型圆润的原木家具。

另外，马赛克镶嵌、拼贴在地中海风格中算较为华丽的装饰。可利用小石子、瓷砖、玻璃片、玻璃珠等素材，切割后再进行创意组合。

2.手工饰品

地中海风格家居追求自然，点缀的饰品主要是手工质地、铁质铸造等的工艺品。比如马赛克、贝壳、小石子等装饰物的点缀，使阳光、大海、沙滩、岛屿仿佛呈现眼前。

3.绿色植物

室内绿化在地中海风格家居中也十分重要，藤蔓植物缠绕穿插于墙边廊上，藤编摇椅旁茂盛的观叶植物，茶几壁炉上的精致盆景等，虽不经意，但却能增加室内的灵动和生气，在室内营造一种大自然的氛围。

4.关于海洋的饰物

地中海风格属于海洋风格，所以有关海洋的一切装饰物件都可以适当地运用在家居里，比如海洋生物里的海螺、贝壳等。海螺、贝壳等船零件也是很常见的特色物品之一，比如罗盘、船舵等，特殊的形状让家居装饰生动活泼。

四、地中海风格软装设计效果图

地中海风格的软装设计是所有风格中最好把握的，因其地域性太强，所以设计元素特别鲜明，设计效果也是一目了然，深受年轻人喜爱（如图2-117 ~图2-122）。

图2-117

图2-118

图2-119

图2-120

图2-121

图2-122

03 第三章 Chapter

软装设计元素

第一节　陈设性元素

整体的软装配饰设计，可以很好地反映家里的生活品质和格调。那么要进行软装配饰，应该从哪几个方面着手呢？软装设计有几大设计元素：家具、灯具、布艺、画品、饰品、花品、收藏品、日用品，而这些元素又可概括地分为陈设性元素和功能性元素。

一、家具

1.中式家具

中式家具主要分为明式家具和清式家具，明式家具主要看线条和柔美的感觉，清式家具主要看做工。无论是明式还是清式都讲究左右对称及与室内环境的和谐搭配，并且非常具有收藏、养生及象征意义。传统意义上的中式家具取材非常讲究，一般以硬木为材质，如鸡翅木、海南黄花梨、紫檀、非洲酸枝、沉香木等珍稀名贵木材。

图3-1

中式家具气势恢宏、壮丽华贵、高空间、大进深、雕梁画栋、金碧辉煌，造型讲究对称，色彩讲究对比，图案多龙、凤、龟、狮等，精雕细琢、瑰丽奇巧，适合具有经济条件和文化内涵的学者以及中老年人群（如图3-1、图3-2）。

图3-2

2.欧式家具

（1）巴洛克式家具

豪华的巴洛克式家具样式多雄浑厚重，在运用直线的同时，也强调线型流动变化的特点，用曲面、波折、流动、穿插等灵活多变的夸张手法来创造特殊的艺术效果，以呈现神秘的宗教气氛和有浮动幻觉的美感。这种样式具有过多的装饰和华美的效果，色彩华丽且用金色予以协调，构成室内庄重豪华的气氛。

由于巴洛克式家具利用多变的曲面，采用花样繁多的装饰，做大面积的雕刻、金箔贴面、描金涂漆处理，坐卧类家具上大量应用布料包覆，决定了它高档甚至是奢侈的市场定位，比较适合高档酒店的大厅、别墅、高档公寓等，面向的消费群体属于高消费人群（如图3-3）。

图3-3

图3-4

（2）洛可可式家具

洛可可式家具色彩较为柔和，米黄、白色是其主色。常常采用不对称手法，喜欢用弧线和S形线，尤其爱用贝壳、漩涡、山石作为装饰题材，卷草舒花，缠绵盘曲，连成一体。洛可可式家具以曲线纹饰蜿蜒反复，创造出一种非对称的、富有动感的、自由奔放而又纤巧精美、华丽繁复的装饰样式，深受成功女士喜爱（如图3-4）。

3.美式家具

传统美式家具多以桃花心木、樱桃木、枫木及松木为主制作，家具表面精心涂饰和雕刻，风格精致而大气。涂饰上往往采取做旧处理，即在油漆几遍后，用锐器在家具表面上敲出坑坑点点，再在上面进行涂饰。现代美式家具则更注重功能性和实用性。

美式家具的迷人之处在于良好的木质造型、雕饰纹路和细腻高贵的色调，传达了单纯、休闲、多功能的设计思想，让家庭成为释放压力和解放心灵的净土，深受高素质成功人士喜爱（如图3-5）。

图3-5

4.地中海式家具

地中海风格的基础是明亮、大胆、色彩丰富，绚丽多姿的色彩融汇在一起。地中海式家具以其极具亲和力的田园风情，柔和的全饱和色调和组合搭配上的大气，在全世界掀起一阵旋风（如图3-6）。

5.东南亚式家具

东南亚风格家具特点主要是以其来自热带雨林的自然之美和浓郁的民族特色风靡世界。它广泛地运用木材和其他的天然原材料，如藤条、竹子、石材、青铜和黄铜，局部采用一些金色的壁纸、丝绸质感的布料，使整个家居都充满了来自原始自然的纯朴之风。

大部分东南亚式家具都采用两种以上不同材料混合编制而成。藤条与木片、藤条与竹条、柚木与草编、柚木与不锈钢，各种编制手法和精心雕刻的混合运用，令家具作品变成了一件手工艺术品。色彩方面，大多以深棕色、黑色等深色系为主，令人感觉沉稳大气（如图3-7）。

图3-6

6.日式家具

日式家具主要以清新自然为主基调，给人营造一种闲适写意、悠然自得的生活境界。传统的日式家具多直接取材于自然材质，不推崇豪华奢侈，以淡雅节制、深邃禅意为境界，重视实际功能。传统的日式家具以其清新自然、简洁淡雅的独特品位，形成了独特的家具风格。

家具的色彩上强调的是自然色彩的沉静和造型线条的简洁。另外受佛教影响，居室布置也讲究一种“禅意”，强调空间中自然与人的和谐，人置身其中，体会到一种“淡淡的喜悦”。

图3-7

日式家具充满了自然之趣，常采用木、竹、藤、草等作为材质，而且能够充分展示其天然的材质之美，木造部分只单纯地刨出木料的年轮，再以镀金或青铜的用具加以装饰，体现人和自然的融合（如图3-8）。

7.现代简约式家具

简约风格家具是指力求简洁、单纯、明快风格的家具，简约不是简单也不是简陋，而是通过提炼形成的精约简省，富有品位之意。

简约式家具通常属于适合流水线生产的家具造型，色调以白、亮、光系列家具为主，独特的光泽使家具倍感时尚，具有舒适与美观并存的享受，以简洁的造型、完美的细节，营

图3-8

造出时尚前卫的感觉（如图3-9）。

图3-9

二、灯具

灯具是透光、分配和改变光源分布的器具，包括除光源以外所有用于固定和保护光源所需的全部零部件及与电源连接所必需的线路附件。

早期的灯具设计侧重于照明的实用功能（包括营造视觉环境、限制眩光等），很少考虑装饰功能，灯具造型简单，结构牢固。表面处理不追求华丽，但力求防护层耐用。现如今，灯具的设计，不但侧重艺术造型，还考虑到型、色、光与环境格调相互协调，相互衬托，达到灯与环境互相辉映的效果。由于对装饰效果的追求，灯具设计者将照明功能性的灯具融入了大量装饰性的元素，向装饰艺术品靠拢，使灯具和灯饰两者差别越来越小，灯具与灯饰的概念越来越接近。现在人们说的灯具也就基本指灯饰，在灯具选择上，不仅仅考虑安全省电，还会看重灯具的材质、种类、风格、品位等诸多因素。

一个好的灯具，可能一下子会成为装饰空间的灵魂，让室内空间熠熠生辉，富贵、小资、文艺、温馨等情趣表达都可以通过灯具展现。灯具的选择，首先，要具备可观赏性，要求材质优质，造型别致，色彩丰富；其次，就是要求与营造的风格氛围相统一；再者，布光形式要经过精心设计，注重与空间、家具、陈设等配套装饰相协调；最后，还需突出个性，光源的色彩按用户需要营造出特定的气氛，如热烈、沉稳、安适、宁静、祥和等。

1.灯具主要的作用

固定光源：提供与光源的电气连接，让电流安全地通过光源。

保护光源：对光源和光源的控制装置提供机械保护与安全保护，如防爆、防水和防尘等。

控制光线：改变或控制光源发出光线的光分布，实现需要的配光，防止直接眩光。

安装：支撑全部装配件，并和建筑结构件连接起来。

装饰作用：美化室内环境，可以起到装饰的效果。

2.室内灯具的分类

（1）从光照上来分

可以分为日光灯、镁光灯、白炽灯、节能灯、霓虹灯等，它们颜色不同、亮度各异，因此，使用的地方也不尽相同。比如：节能灯高效节能，更适合于厨卫场所，白炽灯光线柔和，则更适合于卧室；霓虹灯色彩艳丽多姿，多用于需要点缀气氛的地方。

（2）从安装形式与功能上来分

可以分为吸顶灯、吊灯、壁灯、射灯、台灯、落地灯等。其中吸顶灯、吊顶、壁灯为室内固定式灯具，台灯、落地灯、射灯为室内可移动灯具。

（3）从风格上来分

不同风格的灯具有着不同的魅力，灯具与整体家居的风格相适应，才能让整个空间变得更加协调。具体可分为：中式、欧式、现代、美式，以及地中海风格、东南亚风格等六大类，对灯具有更深层次的认识，才能使它更好地服务于自己的设计作品。

图3-10

① 中式风格的灯具。中式风格灯具秉承中式建筑传统风格，选材使用镂空或雕刻的材料，颜色多为红、黑、黄，造型及图案多采用对称式的布局方式。格调高雅，造型简朴优美，色彩浓烈而成熟。中式风格灯具还可以分为：纯中式和现代中式两种。

纯中式灯具造型上富有古典气息，一般用材比较古朴；现代中式灯具则只是在部分装饰上采用了中式元素，而运用现代新材料制作（图3-10）。

纯中式灯具具有以下特点。

a.讲究传统：中国传统装修理念中有非常多的讲究，每种饰物都有一定的规制和含义，也有非常多的祝福和企盼体现在灯具造型上。

b.讲究层次：中式风格的灯具造型在空间层次划分上有较为严格的要求，从灯具的每个立面和整体的结构比例上都极具层次感。

c.讲究古环境学：中式风格灯具设计理念充分地体现了家居古环境学。其核心价值是中国家居文化“天人合一”的思想，讲究人与自然和谐统一，较好地阐释了中式灯具的文化内涵。

② 欧式风格的灯具。欧式风格灯具是当下人们眼中奢华典雅的代名词，以华丽的装饰、浓烈的色彩、精美的造型著称于世，它的魅力在于其岁月的痕迹，其体现出的优雅隽永的气度代表了主人卓越的生活品位。

欧式灯具非常注重线条、造型的雕饰，以黄金为主要颜色，以体现雍容华贵、富丽堂皇之感，部分欧式灯具还会以人造铁锈、深色烤漆等故意制造一种古旧的效果，在视觉上给人以古典的感觉（图3-11）。

欧式灯具从材质上分为：树脂、纯铜、锻打铁艺和纯水晶。其中树脂灯造型很多，可有多种花纹，贴上金箔和银箔显得颜色亮丽；纯铜、锻打铁艺等造型相对简单，但更显质感。

图3-11

欧式灯具从风格上还可以分为：古典欧式灯

具和新古典欧式灯具。古典欧式灯具的款式造型有盾牌式壁灯、蜡烛、台式吊灯、带帽式吊灯等几种基本典型款式。在材料上选择比较考究的焊锡、铁艺、布艺等，色彩沉稳，追求隽永的高贵感。新古典欧式灯具又称简约欧式灯具或者欧式现代灯具，它是古典欧式灯具风格融入简约设计元素的家居灯饰的统称。新古典欧式灯具外形简洁，摒弃古典欧式灯具繁复的特点，回归古朴色调，增加了浅色调，以适应消费者，尤其是中国人的审美情趣，其继承了古典欧式灯具的雍容华贵、豪华大方的特点，又有简约明快的新特征。

③ 现代风格的灯具。现代灯具以其时尚、简洁的特点深受青年人群的喜爱，在崇尚个性的年代里必然受到热烈追捧。

现代灯具发展的四个主要流行趋势：应用高效节能光源，向多功能小型化发展，注重灯具集成化技术开发，由单纯照明功能向照明与装饰并重发展。现代风格灯具的设计与制作，大力运用现代科学技术，将古典造型与时代感相结合，追求灯具的有效利用率和装饰效果，体现了现代照明技术的成果。

简约、另类、追求时尚的现代灯，总结起来主要有以下几个特点。

材质上注重节能，经济实用，一般采用具有金属质感的铁材、铝材、皮质、另类玻璃等；设计上在外观和造型上以另类的表现手法为主，多种组合形式，功能齐全。

图3-12

随着科技的发展，现代照明技术不断进步，新材料、新工艺、新科技被广泛运用到现代灯具的开发中来，极大地丰富了现代灯具、灯饰对照明环境的表现与美化手段，从而创作出富有时代感和想象力的新款灯具。人们还通过对各种照明原理及其使用环境的深入研究，突破以往单纯照明，亮化环境的传统理念，使现代灯具更加注重装饰性和美学效果，由此，现代灯具从“亮起来”时代转型到了“靓起来”时代（如图3-12）。

图3-13

④ 美式风格的灯具。美式灯具风格主要植根于欧洲文化，美式风格灯具与欧式风格灯具有非常多的相似之处，但还是可以找到很多自身独有的特征。

风格上美式灯虽然依然注重古典情怀，在吸收欧式风格甚至是地中海风格的基础上演变而来，但在风格和造型上相对简约，外观简洁大方，更注重休闲和舒适感。

美式风格的灯具，材料一般选择比较考究的树脂、铁艺、焊锡、铜、水晶等，选材多样；色调上色彩沉稳，气质隽永，追求一种高贵感。与欧式灯具一样追求奢华，但美式灯具的魅力在于其特有的低调贵族气质、优雅隽永的气度（如图3-13）。

⑤ 地中海风格的灯具。地中海风格的灯具将海洋元素应用到设计中的同时，善于捕捉光线，取材天然。素雅的小细花条纹格子图案是主要风格。表面处理，可以用一些半透明或蓝色的布料、玻璃等材质制作成灯罩，通过其透出的光线，具有艳阳般的明亮感，让人联想到阳光、海岸、蓝天，仿佛沐浴在夏日海岸明媚的阳光里。地中海风格灯具常见的特征之一是灯具的灯臂或者中柱部分常常有擦漆做旧处理，这种处理方式除了让灯具流露出类似欧式灯具的质感，还可展现出在地中海的碧海晴天之下被海风吹蚀的自然印迹。地中海风格灯具还通常会配有白陶装饰部件或手工铁艺装饰部件，透露着一种纯正的乡村气息（图3-14）。

图3-14

⑥ 东南亚风格的灯具。东南亚风格灯具非常崇尚自然，主要有以下几大表现。

材质上：东南亚风格灯具会大量运用麻、藤、竹、草、原木、海草、椰子壳、贝壳、树皮、砂岩石等天然的材料，营造一种充满乡土气息的生活空间，大多数东南亚灯具会装点类似流苏的小装饰物。

色彩上：为了吻合东南亚风格装修特色，灯具颜色一般比较单一，多以深木色为主，尽量做到雅致。

风格上：东南亚风格灯具在设计上逐渐融合西方现代概念和亚洲传统文化，通过不同的材料和色调搭配，在保留了自身的特色之余，产生更加丰富的变化，比较多地采用象形设计方式，比如鸟笼造型、动物造型等。

东南亚风格灯具总体给人的感觉就是热烈中微带含蓄，妩媚中蕴藏神秘，温柔与激情兼备，散发着浓烈的自然气息（如图3-15）。

图3-15

3.灯具元素在家居空间中的运用

（1）门厅

门厅是家的形象，是客人第一印象突破点，起着照明和点缀的双重作用。

门厅要求明快，有宾至如归的感觉，体现主人修养和气度。侧重点在于对装饰品的表现，空间氛围的营造。根据装饰风格可以拉大明暗对比，用尽可能少的光，营造神秘氛围，强烈的视觉反差给客人深刻印象（如图3-16）。

图3-16

（2）客厅

客厅是一个融合多种功能空间的代名词，因此在照明规划设计时，需要考虑到不同时间段的活动。人们通常需要的基础照明：为娱乐和观看电视、为读或写提供的功能照明，和为艺术品、植物等有趣的建筑特色提供的情景照明（重点照明）。在满足多种功能场景的需求时可考虑调光控制，最理想的照明空间是，当你想做任何活动的时候都有相应的照明来满足你，以适应每个情绪和活动（如图3-17、图3-18）。

图3-17

图3-18

客厅可以大致分休息区、接待区、阅读区、装饰景点。

休息区：休息区照明营造的是一种柔和、温馨的光环境，让来客感受轻松、惬意的休闲气氛。典雅的家具、高档的装修配合轻柔的漫反射、暖色灯光让心情放松。观看电视的灯光要避免直射电视屏幕，可选择低功率射灯、迷你灯、线性光。

接待区：采用高度中光束的射灯照射装饰品或艺术品，重点突出，采用虚实结合的灯光效果营造情景空间，让人深深地体验主人的文化内涵。

阅读区：阅读区是客厅的一个亮点，即能利用合适的灯具起装饰作用又能提高主人修养。阅读需要的功能照明最理想是来源于阅读者的肩膀位置，灯罩可与视线平行，适合选用落地灯和台灯，合适的照度为300lx。

装饰景点：活跃空间气氛的主角，以植物为例，多以卤素射灯为主，瞄准被照物在墙角落出戏剧性的剪影效果。

客厅可采用吊灯、壁灯、射灯、筒灯等混合照明。

照度标准：E（工作面）=300（lx）　E（环境）=100（lx）

（3）餐厅

餐厅是品尝美味佳肴、招待亲朋好友的场所，需要营造轻松愉快、亲密无间的就餐环境。餐厅的照明，要求色调柔和、宁静，有足够的亮度，不但使家人能够清楚地看到食物，而且要与周围的环境和餐桌椅、餐具等相匹配，构成一种视觉上的美感。照明目的是把注意力集中在餐桌上，突出餐桌上的食品，使餐布、碗筷、食物、花卉等显得明亮美丽，引人注目增进食欲。为防止眩光，防止灯光直接照在人身上，灯光应限制照射范围，并能营造一种适宜的氛围。

采用中窄光束射灯有序地照射展示墙面，墙面明暗交替的光影效果和餐座、台面的整体效果形成视觉上“动”与“静”的对比，营造一个和谐舒适的就餐空间。如要求更高，也可使用调光来调节气氛，用不同照明模式，满足不同就餐和娱乐的需求，可以设置场景特色功能，其中包括正式的晚宴、家庭聚餐、约会（图3-19）。

餐厅常用灯具：吊灯、吸顶灯，也可使用壁灯。

照度标准：E（工作面）=300（lx） E（环境）=100（lx）

（4）厨房

厨房照明既要实用，又要美观、明亮且清新，以给人整洁之感。照明要足够以保证洗菜、配菜、做菜以及阅读各菜配料能轻易辨认。选用显色性高的光源对于辨别肉食、水果、蔬菜的色泽时水汽和油烟不至于造成安全隐患。

厨房可以用基本照明照亮整个区域，利用局部功能照明来准备食物的组合照明来提供最佳效果。嵌入式荧光灯具或吸顶灯能提供高质、节能的基本照明，局部可用卤素射灯，满足配菜做菜的需要。灯具选择应以功能性为主，同时要求防水、防尘、防油烟，方便清洁（如图3-20）。

照度标准：E（工作面）=400（lx） E（环境）=200（lx）

图3-19

图3-20

（5）卧室

卧室主要是睡眠、休息的场所，人的一生有三分之一的时间是在卧室里度过的，需要舒适安逸的环境，在这里要保证能够足够的放松。很多人有在卧室学习的习惯，宜采用一般照明与重点照明相结合。卧室的整体要求是宁静、温馨、柔和、舒适。一般照明的照度值一般在40lx左右。依房间的不同，照明可满足看报、看电视、化妆、换衣服等生活行为，并根据居住者的年纪、生活方式不同应有所区分。

照度标准：E（工作面）=60/300（lx） E（环境）=60（lx）

卧室根据不同的风格可以分成：豪华气派型、宁静舒适型、现代前卫型。

① 豪华气派型。用材高档，如以暖黄色灯配巴洛克风格家居，再搭配精致的台灯或落地灯，显示法国宫廷气象和金碧辉煌、光彩夺目（如图3-21）。

② 宁静舒适型。大多采用泛光型或宽光束灯具，照度相对较低且相对均匀（如图3-22）。

图3-21

图3-22

③ 现代前卫型。在装修上追求自由化随意的风格，突破传统观念，体现超前意识。在照明上以简洁为主，追求造型美（如图3-23）。

（6）过道

过道作为室内空间的划分和连接的纽带，需要满足装饰照明和功能照明的共同诉求（如图3-24）。

照度标准：E（局部）= 1200（lx） E（环境）= 60（lx）

图3-23

图3-24

（7）长辈房

长辈房照明设计要按照老年人的生理特征来进行，照度适中，不要留下死角。少使用台灯和落地灯，开关要放在进门等方便使用的地方。开关一般要求双控的，具备夜灯功能（如图3-25）。

（8）儿童房

儿童天真活泼，灯具首先要考虑安全问题，其次才是光线、色彩和艺术造型（如图3-26）。

（9）书房

书房空间是陶冶情操、修身养性的地方。不仅仅是为了工作，在忙碌之余抽闲出来，饮一杯茶或咖啡，思考感悟着人生，悠然自得的体验感受。照明设计就是在这一指导思想下，应运而生。桌面照度要求较高，但也要有宁静的光环境。照明整体要求光效高、光线柔和、漫射性好。

图3-25

图3-26

照明需要能满足阅读、书写和电脑工作，同时可以考虑给奖品和照片等有纪念意义的物品的重点照明，可采用卤素射灯、嵌入式筒灯、移动灯具、吊灯（如图3-27、图3-28）。

照度标准：E（工作面）=300（lx） E（环境）=150（lx）

图3-27

图3-28

（10）卫生间

干净、简洁是现代卫浴空间的诠释，光滑洁白的洁具与光线的亲密接触，使其表现圣洁、完美无瑕的质感，让人忍不住享受这一刻的美感。需要照明能满足完成刮胡子、化妆、洗澡等活动。浴室里镜前灯能通过镜面的反射给空间提供一定照明。

暗光影对比、颜色饱满的墙身和冷白色的洁具产生鲜明的色彩对比，给人一种强烈的视觉美感冲击，在淋浴处可以采用封闭防潮嵌入式灯具（如图3-29）。

照度标准：E（工作面）=150（lx） E（环境）=80（lx）

（11）活动室

活动室需要安静的思考氛围，灯光应以有情调为原则。在桌子上方可以悬吊安装装饰吊灯或者采用光源PAR灯进行重点照明，并配以光效柔和的荧光光源（如图3-30）。环境光和重点照明之比为1 ： 5。

图3-29

图3-30

三、布艺

软装饰中用得最多的一种元素当属布艺。从窗帘、沙发靠垫、床上用品到地毯、壁挂，无论是视觉还是触觉，无不透露出家的温馨与舒适。窗帘的设计在家居装饰中，往往起到很重要的作用。一方面窗帘所占面积较大，能掩饰或弥补装饰材料上的缺陷与不足。另一方面由于布的柔软性能够中和硬朗的室内空间，使我们的居住空间更加温馨。还有一点就是布料丰富多彩的颜色和图案能生动地营造出室内空间优美的氛围，起着较强的渲染和烘托的作用。

布艺能柔化室内空间生硬的线条，在营造与美化居住环境上起着重要的作用。丰富多彩的布艺装饰为居室营造出或清新自然、或典雅华丽、或高调浪漫的格调，已经成为空间中不可缺少的“主将”。可以把家具布艺、窗帘、床品、地毯、桌布、抱枕等都归到家纺布艺的范畴，通过各种布艺之间的搭配可以有效地呈现空间的整体感。

1.布艺软装的定义

布艺软装是以布艺为原材料制作而成的软装饰品，通常包括窗帘、布饰、沙发套、桌椅套等，也可以延伸到灯罩、门框、电话套、杯垫等的包边。布艺中的“布”，是各种纤维总称，它不仅指布料、绸料、呢料等织物，而且还包括地毯、毛毡、花边等编织品，以及绳带、挂毯、绢花等工艺制品（如图3-31）。

2.布艺软装的分类

（1）窗帘

窗帘具有遮蔽阳光、隔声和调节温度的作用，应根据不同空间的特点及光照情况来选择。采光不好的空间可用轻质、透明的纱帘，以增强室内光感；光线照射强烈的空间可用厚实、不透明的绒布窗帘，以减弱室内光照。

窗帘的款式包括：拉褶帘、罗马帘、水波帘、立式移帘、卷帘、垂帘及百叶帘（如图3-32）。

图3-31

图3-32

（2）地毯

地毯是室内铺设类布艺制品，广泛用于室内装饰。地毯不仅视觉效果好、艺术美感强，还可用于吸收噪声、创造安宁的室内气氛。

地毯按材质可分为：纯毛地毯、混纺地毯、合成纤维地毯、塑料地毯（如图3-33）。

（3）靠枕

靠枕是沙发和床的附件，可以调节人的坐、卧、靠姿势。靠枕的形状以方形和圆形为主，多用棉、麻、丝和化纤等材料，采用提花、印花和编织等制作手法，图案自由活泼，装饰性强（如图3-34）。

图3-33

图3-34

（4）壁挂织物

壁挂织物是室内纯装饰性质的布艺制品，包括墙布、桌布、挂毯、布玩具、织物

图3-35

屏风和编结挂件等。可以调节室内气氛，增添室内情趣，提高整个空间环境的品位和格调（如图3-35）。

3.布艺在室内软装设计中的作用

（1）布艺可以灵活转换空间的风格

布艺凭借其轻巧优雅的造型、艳丽的色彩、和谐的色调、多变的图案、柔和的质感使空间呈现出舒适、明快、活泼、温馨的气氛，更符合人们崇尚自然、追求休闲、轻松的心理和气质高雅、大气尊贵的品位。同时，布艺还具有易清洗、便于更换的特点，可以随时根据自己的心情、四季的变化，更换布艺不同的质地、色彩、图案而改变室内空间的风格。布艺饰品因其易于更换、便于调换，在室内软装饰中成了最佳饰品（如图3-36）。

图3-36

（2）布艺可以塑造室内空间效果

在室内软装设计中，布艺被称为最有魅力的"软装饰"。布艺针对不同的功能对室内空间所塑造的效果也有所不同。

① 使空间具有流动感。布艺的使用功能和墙体相当，作为隔断，可以把室内的空间进行分割，但是因其质地不同，作为软隔断布料多选择丝绸等半透明布料或者透明的布料，使得室内空间具有对话的效果。在小面积的空间中，运用布艺的软隔断，可以让人在视觉上感受到房间的宽敞。在色调上，深的颜色会让空间显小，反之，浅的颜色会让空间看上去开阔些许（如图3-37）。

图3-37

② 使空间变得温暖。人们如今已经习惯性随着季节变化来变换家中的布艺用品。比如冬季到来时，室内的空间温度需要迅速提升，一些暖色调的布艺以及绵柔质地的布料开始受到大家的喜爱，让室内的空间效果随着四季的更替而替换，室内的空间效果也会因其改动产生变化，也使得布艺在整体的空间效果中获得四季变化的效果（如图3-38）。

③ 使空间变得柔软。在彻底放松的空间，布艺的质地可以很好地创造出舒适、柔和的环境效果。棉绒的地毯，使得空间地面的坚硬、冷感的大理石变得柔和、绵软和富有质感（如图3-39）。

④ 塑造室内安静的效果。对于室内的卧室来说，选择墙体软包和地毯可以达到吸收外界杂音的功效，可以增强室内空间的混响效果，有利于改善室内空间的声音环境，营造出安静的空间效果。

图3-38

（3）布艺可以为家具增添多样化

布艺的原材料属性具有保温、防潮、吸声、遮光、易于透气、增强弹性等功能，采用现在技术处理后的阻燃、防污、抗皱、拒水等属性，从某种程度上增加家具的功能性内涵和使用性的外延。

从室内空间意义来看，部分家具和布艺品不发生表面的接触，没有表面上的相互联系，但是在室内的构成中，布艺品通过本身特有的质感触觉，丰富的色彩图案和视觉的形态，来强调此空间的作用，增强空间的融洽感和私密性（如图3-40）。

图3-39

4.布艺元素在空间中的运用

居室内的布艺种类繁多，设计时一定要遵循一定的原则，恰到好处的布艺装饰能为家居增添色彩，胡乱堆砌则会适得其反，基本的口诀可以总结为："色彩基调要确定，尺寸大小要准确，布艺面料要对比，风格元素要呼应。"

图3-40

① 一个空间的基调是由家具确定的，家具色调决定着整个居室的色调，空间中的所有布艺都要以家具为最基本的参照标杆，执行的原则可以是：窗帘参照家具、地毯参照窗帘、床品参照地毯、小饰品参照床品。其次，像窗帘、帷幔、壁挂等悬挂的布艺饰品的尺寸要合适，包括面积大小、长短等要与居室空间、悬挂立面的尺寸相匹配；如较大的窗户，应以宽出窗洞、长度接近地面或落地的窗帘来装饰；小空间内，要配以图案细小的布料。一般大空间选择用大型图案的布饰比较合适，这样才不会有失平衡。

② 在面料材质的选择上，尽可能地选择相同或相近元素，避免材质的杂乱，当然采用与使用功能相统一的材质也是非常重要的。比如：装饰客厅可以选择华丽优美的面料，装饰卧室就要选择流畅柔和的面料，装饰厨房可以选择结实易清洗的面料。又如，整体空间的布艺选材质地、图案也要注意与居室整体风格和使用功能相搭配，在视觉上达到平衡的同时给予触觉享受，给人留下一个好的整体印象。例如：地面布艺颜色一般稍深，台布和床罩应反映出与地面的大小和色彩的对比，元素尽量在地毯中选择，采用低于地面的色彩和明度的花纹来取得和谐是不错的方法（如图3-41）。

③ 在居室的整体布置上，布艺的色彩、款式、意蕴等也要与其他装饰物呼应协调，它的表现形式要与室内装饰格调统一（如图3-42）。

图3-41

图3-42

第二节　装饰性元素

软装设计中的装饰性元素指本身没有实用性，纯粹用于观赏的陈设品。

一、工艺品

在居室中，富有生机和情趣的工艺品已经成为必不可缺的装饰。

1.工艺品的分类

工艺品种类丰富多样，按照材质不同可以分为金属工艺品、玻璃工艺品、陶瓷工艺品、水晶工艺品、雕刻工艺品、编织工艺品等（图3-43）。

按照类型区分可以分为绘画类、器皿类、插花类及雕塑类。

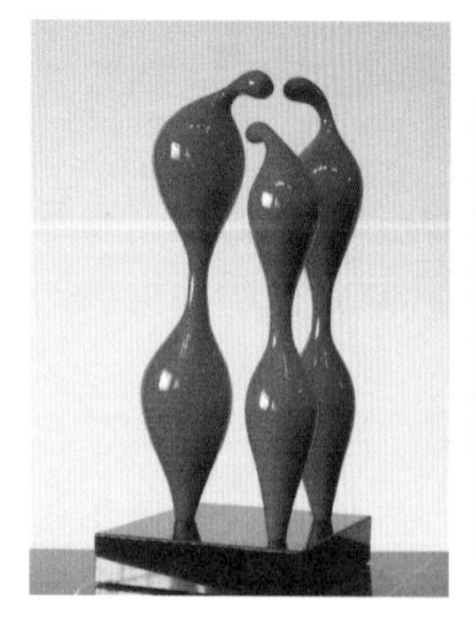

图3-43

2. 工艺品在空间中应用

这里说到的工艺饰品包含在餐厅、客厅、卧室、书房、厨卫等空间的陈列装饰品，如瓷器、玻璃器皿、金属制品、木制饰品等多种陈列物。

在现代的软装设计执行过程中，当符合设计意图的家具、灯具、布艺等摆设选定后，最后一关是加入饰品。在室内空间的设计中，饰品的作用举足轻重，软装设计师对这一关的把握能决定整个项目的成功与否（如图3-44）。

摆设饰品时要注意以下几点。

① 布置饰品需要了解主人的性格爱好。摆放工艺饰品是非常私人的一个环节，它能够直接影响到居室主人的心情，引起心境的变化。

② 要根据不同空间灵活搭配。饰品作为可移动物件，具有轻巧灵便、可随意搭配的特点，不同饰品间的搭配，能起到不同的效果。

③ 注意工艺饰品的增值作用。优秀的工艺饰品甚至可以保值增值，比如中国古代的陶器、金属工艺品等，不仅能起到美化的效果，还具备增值能力。

作为设计师应该充分考虑客户的需求，为客户配置出符合主人身份定位和装饰风格特色的饰品，为客户做好参谋，是软装设计师的主要工作；另外，动手能力、善于发现、善于创造是软装设计师不败的法宝（如图3-45）。

图3-44

图3-45

二、装饰画

1. 装饰画的类型

选择装饰画时要考虑到画本身的体量，画面的色彩、主题要和周边环境呼应，能够成为视觉的焦点。下面为几种常见的装饰画形式。

（1）按组合形式分

可分为单张装饰画（如图3-46）、组合装饰画（如图3-47）、墙面绘画（如图3-48）。

图3-46

图3-47

图3-48

（2）按材质形式分

可分为手绘（如图3-49）、喷绘（如图3-50）、综合材质（如图3-51）、实物装饰画（如图3-52）。

图3-49

图3-50

图3-51

图3-52

2.装饰画在空间中的运用

装饰画在空间中的运用主要讲究搭配技巧，日常操作中有选画布置和挂画几个过程。

软装设计师在选画的过程中一定要了解清楚业主的喜好或项目的需求，切忌把个人的喜好强加于方案中，要帮助业主完善其美好的构想。

（1）居住空间的画品陈设方法

在画品选择、挂画技巧和空间搭配上都是有一定规则可循的，那么如何选画？如何挂画？如何进行空间搭配呢？

① 选画。选画的时候可以根据家居装饰的风格来确定画品，主要考虑画的风格种类，画框的材质、造型，画的色彩等方面因素。

a.如何确定画品风格。中式风格空间，可以选择书法作品、国画、漆画、金箔画等（如图3-53）；现代简约风格空间，可以配一些现代题材或抽象题材的装饰画；前卫时尚风格空间，可配抽象题材的装饰画（如图3-54）；田园风格空间，可配花卉或风景等（如图3-55）；欧式古典风格空间，可配西方古典油画（如图3-56）。

图3-53

图3-54

图3-55

图3-56

b.如何确定画品边框材质。现在流行的装饰画框材质多样，有木线条、聚氨酯塑料发泡线条、金属线框等，根据实际的需要搭配，一般星级酒店和别墅都会采用木线条画框配画，框条的颜色还可以根据画面的需要进行修饰。

c.如何确定画品色彩色调。装饰画的色彩要与环境主色调进行搭配，一般情况下切忌色彩对比太过于强烈，也忌讳画品色彩与室内配色完全孤立，要尽量做到色彩的有机呼应，最好的办法是画品色彩主色从主要家具中提取，而点缀的辅色从饰品中提取（如图3-57）。

d.如何确定画品数量。画品选择坚持“宁少勿多、宁缺毋滥”的原则，在一个空间环境里形成一两个视觉点就够了。如果在一个视觉空间里，同时要安排几幅画，必须考虑它们之间的疏密关系和内在的联系，关系密切的几幅画可以按照组的形式排列。

② 挂画。挂画的方式正确与否，直接影响到画作的情感表达和空间的协调性。

图3-57

a.挂画首先应选择好位置。画要挂在引人注目的墙面，或者开阔的地方，避免挂在房间的角落，或者有阴影的地方。

b.挂画的高度还要根据摆设物决定。一般要求摆设的工艺品高度和面积不超过画品的1/3为宜，并且不能遮挡画品的主要表现点。

c.挂画应控制高度。控制挂画高度是为了便于欣赏，可以根据画品的大小、类型、内容等实际情况来进行操作。比如：根据“黄金分割线”来挂画，画品的“黄金分割线”距离地面140cm的水平位置就是挂油画的最佳位置了；根据主人的身高作为参考，画的中心位置在主人双眼平视高度再往上100 ~ 250cm的高度为宜，这个高度不用抬头或低头，为最舒适的看画高度；一般最适宜挂画的高度是画的中心离开地面1.5m左右，这样欣赏起来最惬意。当然，这些都是大众标准，实际操作中需要根据画品种类、大小和空间环境的不同进行调整，不断调试，使看画最直接、最舒服。

③ 画品的陈设。家居画品的陈设还需要根据房间的功能来分别进行处理。

a.玄关配画。玄关、偏厅，这些地方虽然不大，却往往是客人进屋后第一眼所见之地，是第一印象的焦点，可谓“人的脸面”，这类空间的配画应该注意以下几个方面：

首先，应选择格调高雅的抽象画或静物、插花等题材的装饰画，来展现主人优雅高贵的气质，或者采用门神等题材画作来预示某种愿望；

其次，从家居环境心理因素的角度来讲，要选择利于和气生财、和谐平稳的挂画；

再次，由于这类空间一般间距不大，建议画作不要太大，以精致小巧为宜；

最后，挂画高度以平视视点在画的中心或底边向上1/3处为宜（如图3-58）。

b.客厅配画。客厅是家居主要活动场所，客厅配画要求稳重、大气，需要非常注意各种因素的把握。

首先，从风格上讲，古典装修以风景、人物、花卉题材画作为主，比如中国古典主义的装饰风格应挂一些卷轴、条幅类的中国书法作品、水墨绘画；如是欧洲古典主义风格或是新古典主义的简欧风格，则挂一些各种材料画框的油画、水粉水彩画；现代简约装修就可以选择现代题材的风景、人物、花卉或抽象画。

图3-58

其次，可以根据主人的特殊爱好，选择一些特殊题材的画，比如喜欢游历的人可挂一些内容为名山大川、风景名胜的画；喜欢体育的朋友可以挂一些运动题材的画；喜欢文艺的朋友可以挂一些与书法、音乐、舞蹈题材有关的画。

最后，客厅配画也要了解一些居家传统文化禁忌，主要以画来装点，营造祥和、热情、温暖的气氛。

客厅挂画一般有两组合（尺寸：60cm×90cm×2）、三组合（60cm×60cm×3）和单幅

（90cm×180cm）等形式，具体视客厅的大小比例而定。一般以挂在客厅中大面墙上为宜（如图3-59）。

图3-59

c.餐厅配画。餐厅是进餐的场所，在挂画的色彩和图案方面应清爽、柔和、恬静、新鲜，画面能勾起人的食欲，尽量体现出一种“食欲大增”“意犹未尽”的氛围。

选画题材：一般餐厅可配一些人物、花卉、果蔬、插花、静物、自然风光等题材的挂画，用以营造热情、好客、高雅的氛围，吧台区还可挂洋酒、高脚杯、咖啡具等现代图案的油画。

挂画方式：餐厅挂画，建议画的顶边高度在空间顶角线下60 ～ 80cm，并居餐桌中线为宜，而分餐制西式餐桌由于体量大，油画挂在餐厅周边壁面为佳。

挂画大小和数量：餐厅画品尺寸一般不宜太大，以60cm×60cm、60cm×90cm为宜，采用双数组合符合视觉审美规律（如图3-60）。

图3-60

d.卧室配画。卧室是个人生活私密性最强的空间。作为卧室的装饰画当然需要体现“卧”的情绪，并且强调舒适与美感的统一。通过装饰画的色彩、造型、形象以及艺术化处理等，立体地显现出舒畅、轻松、亲切的意境。

画品风格：卧室配画要凸显出温馨、浪漫、恬静的氛围，以偏暖色调为主，如一朵绽放的红玫瑰，意境深远的朦胧画，唯美的古典人体等都是不错的选择。当然，也可以把自己的肖像、结婚照挂在卧室里。

画品尺寸：尺寸一般以50cm×50cm、60cm×60cm两组合或三组合，单幅40cm×120cm或50cm×150cm为宜。

图3-61

挂画距离：底边离床头靠背上方15 ～ 30cm处或上边距离顶部30 ～ 40cm最佳，亦可在床尾挂单幅画（如图3-61）。

e.儿童房配画。儿童房是小孩子的天地，天真无邪，充满了幻想，充满了快乐，无拘无束。儿童房色彩要明快、亮丽；选材多以动植物、漫画为主，配以卡通图案；尺寸比例不要太大，可以多挂几幅；不需要挂得太过规则，挂画的方式可以尽量活泼、自由一些，营造出一种轻松、活泼的氛围（如图3-62）。

f.书房配画。书房通常要求凸显强烈而浓厚的文化气息，书房内的画作应选择静谧、优雅、素淡的风格，力图营造一种愉快的阅读氛围，并借此衬托出“宁静致远”的意境。用书法、山水、风景内容的画作来装饰书房永远都不会有画蛇添足之感，也可以选择主人喜欢的特殊题材。另外，配以抽象题材的装饰画则能充分展现主人的独有品位和超前意识（如图3-63）。

g.卫生间配画。卫生间一般面积不大，挂画可以选择清新、休闲、时尚的画面，比如花草、海景、人物等，尺寸不宜太大，也不要挂太多，点缀即可。如果有条件，在卫生间配上一两幅别具特色的画，比如诙谐幽默的题材，也是一种特殊的享受（如图3-64）。

图3-62

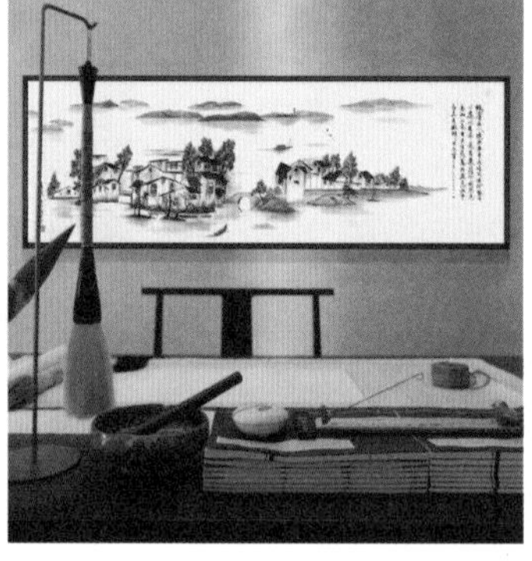
图3-63

图3-64

h.走廊或楼梯配画。走廊和楼梯空间很容易被人忽略掉，但其实这些空间非常重要，因为这些空间一般比较窄长，所以以三到四幅一组的组合油画或同类题材油画为宜。悬挂时可高低错落，也可顺势悬挂。复式楼或别墅楼梯拐角宜选用较大幅面的人物、花卉题材画作（如图3-65、图3-66）。

图3-65

图3-66

图3-67

i.墙面手绘。墙面手绘画品是近年来的新画种，它的演变路径为：壁画——壁面宣传画——手绘壁纸。尤其是聚丙烯颜料的问世，更加快了墙面手绘普及的进程。刚开始它出现在大型的公共室内空间，如机场候机厅、会议厅、会客厅、宴会厅、酒店大堂等处，后来逐步走入寻常居室。由重大叙事题材转变为表现日常生活小品，其形式内容有很大的变化，从而使表现手法更加多样与丰富（如图3-67）。

（2）商业空间的画品陈设方法

商业空间包括酒店、会所、办公场所、商场等，这些场所配画的主要作用是为了营造氛围，并提升场所的文化内涵和格调品位。与家居配画的细腻不同，商业空间的配画首先要大气、有力度，要与装修设计风格有机统一。

以酒店为例，首先要了解这家酒店的装修设计风格，如果是古典欧式风格，就搭配古典油画；如果是现代简欧风格，就配抽象油画或现代装饰画；如果是中式风格，就配国画、书法、金箔画、漆画。酒店配画以大堂为主，这里的画应该是最重要的，其次是公共区域，再次就是房间。整个酒店的配画风格要统一，尺度比例恰当，宁缺毋滥，尽力提升整个酒店的格调品位和文化层次（如图3-68、图3-69）。

图3-68

图3-69

三、绿化

室内绿化是指按照室内环境的特点，利用室内观叶植物为主的观赏材料结合人们的生活需要，对使用的器皿和场所进行美化。

将绿植、鲜花等移植到室内，不仅可以净化室内空气，还使室内环境变得生机勃勃、趣味盎然。室内植物的选择一般是双向的，一是选择适合室内温度和湿度生长的植物；二是室内空间对选择绿色植物的制约。因而，在选择植物的时候，应对居住的环境有个合理的计划，像较大的空间可以放置散尾葵、凤尾竹等植物；一些小型草本植物可放置于柜子上，这样会增加空间的延伸性和视觉上的动感；书桌或窗台上放置一两盆竹和兰，又会营造出不同的意境；别墅大而高的空间中，引入绿化、景观的设计，将会别具一格。精心栽植的花草树木，加上有品位的雕塑，能创造出清新怡人、温馨典雅的居住氛围。

1. 绿化元素的分类

（1）根据绿植的装饰功能分

观叶植物、插花、盆景、干花等。

① 观叶植物。原产于热带、亚热带，宜在散光条件下生长，耐阴性好。根据审美特点分为以下几类。

a. 具有自然美的室内观叶植物——充满自然野趣，宜设置在豪华环境中（图3-70）。

b. 具色彩美的室内观叶植物——色彩影响情绪（图3-71）。

荷兰铁　　招财树

图3-70

彩叶草

彩叶芋

图3-71

c. 具图案美的室内观叶植物——叶片规律排列，显示图案美（图3-72）。

d. 具形状美的室内观叶植物——优美或奇特的形态（图3-73）。

鸭脚木（鹅掌柴）

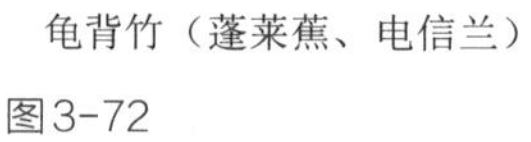

龟背竹（蓬莱蕉、电信兰）

图3-72

散尾葵

琴叶喜林芋

图3-73

e. 具垂性美的室内观叶植物——茎叶垂悬，姿态优美（图3-74）。

f. 具攀附性美的室内观叶植物——缠绕依附，别具美感（图3-75）。

常春藤　　吊兰（蜘蛛草）　　黄金葛（绿萝）　　心叶喜林芋

图3-74　　图3-75

② 插花

a. 公共场所插花

大堂插花——原则上要求布置在大堂中央、几架和花器上；造型上以规则的几何图形为主，常见的有圆形、半圆形；花材色彩丰富、花朵大而艳丽（如图3-76）。

会议室插花——形式以低矮、宜四面观赏的西式插花为主，鲜亮、淡味、无遮挡（如图3-77）。

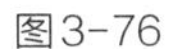

图3-76　　图3-77

餐桌插花——鲜花应无刺激、无异味。宜选鲜花配以绿叶插制，高度不超过入座人视线，用盆栽或篮插均可（如图3-78）。

b. 家居插花

卧室插花——体量稍小，色彩淡雅，可插成球形或者半球形（如图3-79）。

餐厅插花——选择鲜艳的品种，插成菱形、圆盘或者三角形。从各个角度都能观赏，不宜过高（如图3-80）。

图3-78

图3-79

图3-80

书房插花——小巧、清新、雅静（如图3-81）。

浴室与厨房插花——体量较小，色彩鲜艳，以绿色为主的观叶植物和以黄色为主的谷物类植物，插成垂钓式为宜（如图3-82）。

厨房插花——绿色、黄色为主（如图3-83）。

图3-81

图3-82

图3-83

过道与门厅插花——最好插成扇形或笔筒形，以减少占用面积，材料选用色彩明快的鲜花为宜（如图3-84）。

图3-84

客厅插花——插花可大方些，注重热闹欢快、节奏明朗，但若空间较小，就用小圆锥状的花形来进行装饰（如图3-85、图3-86）。

其他——钢琴和冰箱上的花应把握好美丽神韵和个性趣味（如图3-87）。

图3-85

图3-86

图3-87

③ 盆景。盆景是以植物和山石为基本材料在盆内表现自然景观的艺术品，是经过艺术创作和园艺栽培，达到缩尺成寸、小中见大的艺术效果。同时以景抒怀，表现深远的意境，犹如立体的美丽的缩小版的山水风景。人们把盆景誉为“立体的画”和“无声的诗”。

盆景是由景、盆、几（架）三个要素组成（如图3-88）。

④ 干花。风干制作法、微波炉烘干法、干燥剂法干花，即利用干燥剂等使鲜花迅速脱水而制成的花，可以较长时间保持原有的色泽和形态（如图3-89）。

（2）按栽植方式分

单株栽植、组合盆栽、水栽、瓶栽等。

① 单株栽植。是室内绿化采用较多的一种形式，一般选用观赏性较强或者色彩艳丽的植物，通常以盆栽的形式作室内点缀，可置于茶几一侧、案头边，或室内一隅，以软化硬角（如图3-90）。

图3-88

图3-89

图3-90

② 组合盆栽。是人为地将多种植物或习性相近的不同品种植物栽植到同一个与之匹配的盆具中，从而组合成一个花卉的复合整体，是一种比原单株花卉更具观赏效果、

更贴近自然、更富有想象力、更能表达出花卉寓意的表现形式（如图3-91）。

③ 水栽。水栽植物具有繁殖快、管理粗放、净化水质的特点（如图3-92）。

④ 瓶栽。瓶栽是一种新型的花卉栽培法，它是将植物栽入透明硕大的容器中，使其成为一个美丽的“玻璃花园”（如图3-93）。

图3-91

图3-92

图3-93

2.绿化元素的作用

（1）改善室内小环境

通过绿化室内，把生活、学习、工作、休息的空间变为绿色空间，是环境改善最有效的手段之一。此外，室内观叶植物枝叶有滞留尘埃、吸收生活废气、释放和补充对人体有益的氧气、减轻噪声等作用。

（2）营造温馨的室内气氛

植物的绿色是生命与和平的象征，具有生命的活力，会带给人们柔和感和安定感。对于现代植物装饰来说，室内陈设植物可采用“占天不占地”的办法发展空间，比如吊兰、常春藤等植物一般置于立柜上，或悬挂于角隅，给人以动感。

图3-94

（3）组织室内空间

不同空间通过植物配植，达到突出该空间的主题，并能用植物对空间进行分隔、限定与疏导。比如根据人们生活活动需要，运用成排的植物可将室内空间分为不同区域；攀援上格架的藤本植物可以成为分隔空间的绿色屏风，同时又将不同的空间有机地联系起来（如图3-94）。

（4）调和室内环境的色彩

根据室内环境状况进行植物装饰布置，不仅仅是针对单独的物品和空间的某一部分，而且是对整个环境要素进行安排，将个别的、局部的装饰组织起来，以取得总体的美化效果。经过艺术处理，室内植物装饰在形象、色彩等方面使被装饰的对象更为妩媚（如图3-95）。

(5）陶冶情操

绿色植物，不论其形、色、质、味，或其枝干、花叶、果实，都显示出蓬勃向上、充满生机的力量，引人奋发向上、热爱自然、热爱生活。

3.绿化元素在空间中的运用

室内绿化方式除要根据植物材料的形态、习性等进行选择外，还要根据室内空间的大小、光线的强弱等要素来确定。

装饰方法和形式多样，主要有陈设式（陈列式)、垂吊式、壁挂式、攀附式等。

(1）陈设式

陈设式也叫陈列式，是室内绿化装饰最常用和最普通的装饰方式，包括点式、线式和面式三种，其中以点式最为常见，即将盆栽植物置于桌面、茶几、墙角或在室内高空悬挂，构成绿色视点。线式和面式是将一组盆栽植物摆放成一条线或组织成自由式、规则式的面状图形，起到组织室内空间，区分室内不同用途场所的作用，或与家具结合，起到划分范围的作用。

① 点状植物装饰。是指独立设置的盆栽、乔木和灌木。它们往往是室内景观点，具有观赏价值和较强的装饰效果。

注意事项：安排点状植物绿化要求突出重点，要精心选择，不要在它周围堆砌与它高低、形态、色彩类似的物品，以便使点状绿化更加醒目。点状绿色的盆栽可以放置在地面上，或放在茶几架、柜和桌上（如图3-96)。

图3-95

图3-96

图3-97

② 线状植物装饰。这种装饰有两种方式：

一种是吊兰之类的花草，悬吊在空中或放置在组合柜顶端角处与地面植物产生呼应关系。枝叶下垂，或长或短，形成节奏韵律，与家具对比产生自然美。

另一种是指多盆植物有序地排列在一起，形成一条直线或者斜线，给人以壮观有节奏的视觉效果，一般在空间较大的位置做这样的处理（如图3-97)。

③ 面状植物装饰。即以植物形成块面来调整室内的节奏。家具精巧细致时可利用大的观叶植物形成面，来弥补家具产生的单薄感，从而增强室内的厚重感。

另外，家具陈设简单可以利用多种植物形成一个整齐的块面，丰富房间的色彩和层次（如图3-98）。

（2）垂吊式

在室内较大的空间内，结合天花板、灯具，在窗前、墙角、家具旁用花盘吊挂，或用带有托盘的塑料盆用悬绳吊挂一定体量的阴生悬垂植物的形式，营造生动活泼的空间立体美感，且“占天不占地”，可充分利用空间（如图3-99）。

（3）壁挂式

壁挂式有挂壁悬垂法、挂壁摆设法、嵌壁法和开窗法。采用这种装饰时应主要考虑植物姿态和色彩。选择植物的色彩应与壁面颜色协调。

这种装饰方式采用时以悬垂攀附植物最为常见，方式有两种：一种是把盆花放在墙角，然后在墙壁上用绳子作攀岩架子，利用蔓生植物的蔓性放置；二是用半球形容器（一侧面呈平面的花盆）等，把花盆吊挂在墙壁上（如图3-100）。

图3-98

图3-99

图3-100

（4）攀附式

在种植器皿内栽上扶芳藤、凌霄等，使其顺墙壁、壁柱、柱子等盘绕攀附，形成绿色帷幔，也可用绳牵引于窗前等处，让藤蔓顺绳上爬，上攀下爬，层层叠叠，满目翠绿，十分优雅（如图3-101）。

图3-101

（5）其他植物使用的装饰方法

在墙上设置凹凸不平的墙面和壁洞，以放置盆栽植物；在靠墙的地面放置花盆；砌种植槽，种攀附植物，使其沿墙生长；在墙面设立支架；使用人工材料编制立体花艺挂于墙壁上。

另外，植物大小比例的选择要根据室内空间大小来决定。面积较小的起居室、客厅等应配置一些轻盈秀丽、娇小玲珑的植物，如金橘、海棠等。书房和客厅可选择小型松柏、文竹等。

用植物来做家居装饰时还要考虑到植物的特性，比如生长周期、应补给的日照时间、对水的需求，还要注意那些季节性不明显且容易在室内存活的植物。

总之，室内植物的装饰方法是以点、线、面的形式出现于室内的，运用何种方式，要根据房间的具体装饰、空间的需要和植物的天然属性进行选择。

软装设计原则

第一节　软装设计搭配要求

一、软装设计要与硬装风格协调统一

所谓统一，不是单纯的量化的统一，而是整体搭配上的统一。不是完全一致，而是相对的一致，是指在整体感觉、风格、格调、环境上的统一。

二、比例设计合理

在软装设计中最适合的比例就是黄金分割比。在设计中遇到此类问题时大都可以运用1 ∶ 0.618的黄金比例来划分空间。但是如果居室里的比例是统一的，整体风格就会显得过于刻板，所以在处理时要有适当的比例变化才好，空间就会变得生动有情趣（如图4-1）。

三、风格设计一致

在进行室内软装饰设计时，风格的一致是个大问题，这和硬装是一样的，都要讲究风格的完整性。各种材质的款式、色彩、质地，都应该统一在一个相似的大基调中。例如，家具款式是现代简约的，窗帘的图案则应是简约的，否则会产生不协调的感觉。

当然，作为硬装的补充，软装饰的风格可以适当宽泛些，因为它的面积、比重是相对而言的，面积较小，则对整体空间的影响会小些。像窗帘、地毯等面积较大的则需要慎重考虑（如图4-2）。

图4-1

图4-2

四、色彩搭配协调

色彩是人们产生的第一印象，是室内软装设计不能忽视的重要因素。在室内环境中，各种色彩之间的和谐与对比是最根本的关系，如何恰如其分地处理好这种关系，是创造室内空间气氛的关键。

看似平常、简单的色彩搭配，讲究起来还是很值得推敲的。因此，在室内软装饰中，掌握色彩协调的关系尤为重要。

色彩的协调要求各色彩之间有着某种联系，如色彩接近、明度有序或纯度相近等，从而产生统一感。但是，软装不同于绘画，为了保持室内空间的氛围与活力，应尽量避免室内色彩过于平淡、沉闷与单调。例如在胡桃木的桌面上放青铜色的烟灰缸，两者色泽相近，容易混为一体。当然，软装中过多使用对比也不可取，会给人眼花缭乱的感觉（如图4-3）。

图4-3

五、个人特点突出

强调个性特征是室内软装饰设计的一个重要原则。室内软装饰的个性特点，不仅反映了不同民族、不同地域、不同信仰的人的价值观和欣赏倾向性之间的差异，而且更突出、集中地表现了主体特定的物质和精神需求。影响主体个性需求的因素是多方面的，既有主人的职业、性格、生活习惯、文化修养、审美情趣等，也包括经济状况、居住条件和对居室功能效应的要求等，因此，主人的个性要求是多种多样的，这也就决定了室内软装饰设计的丰富多彩、变化无穷（如图4-4、图4-5）。

图4-4

图4-5

第二节　软装设计的审美要求

一、掌握形式美的法则

在软装设计中灵活的运用形式美的法则来进行整体空间布置。具体包括变化与统一、对称与均衡、节奏与韵律、对比与和谐。

1.变化与统一

在室内设计中，丰富的素材和色彩、表现手法的多样化可丰富作品的艺术形象，但这些变化必须达到高度统一，使其统一于一个中心的视觉形象，这样才能构成一种有机整体的形式（如图4-6、图4-7）。

2.对称与均衡

对称是指同形同量的形态，中外很多历史悠久的著名建筑、宫殿、庙宇、教堂等都以“对称”为美的基本要求。对称的构成能表达秩序、安静、稳定、庄重与威严等心理感觉，并能给人以美感。均衡是同量不同形的形态，是指在特定空间范围内，形式诸要素之间保持视觉上力的平衡关系。软装设计中通常以视觉冲击最强的地方为支点，各构成要素以此支点保持视觉意义上的力度平衡（如图4-8）。

图4-6

图4-7

3.节奏与韵律

节奏是指设计中一些元素的有条理的反复、交替或排列，使人在视觉上感受到动态的连续性，就会产生节奏感。韵律是在节奏的基础上赋予一定的情感色彩。前者注重态变化，后者强调的是神韵变化，给人以情趣和精神上的满足。节奏富于理性，而韵律则富于感性。韵律不是简单的重复，它是有一定变化的互相交替，是情调在节奏中的融合，能在整体中产生不寻常的美感（如图4-9）。

图4-8

图4-9

4. 对比与和谐

在软装设计表现的作品中，对比与和谐，通常是某一方面居于主导地位。对比与和谐反映了矛盾的两种状态，对比是在差异中趋于对立，和谐是在差异中趋于一致。软装设计中常用一些表现手法来突出主题设计、丰富整体设计，常用明暗、虚实、冷暖的对比等。但过于生硬的对比可能会使整体设计有些松散，所以我们通常会用一些方法让对比中略有调和，使设计更加完整。

二、掌握色彩搭配技巧

色彩运用是室内软装设计不可缺少的内容，在室内软装设计中不仅要考虑色彩效果给空间塑造带来的限制性，同时更应该充分考虑运用色彩特性来提升空间的视觉效果。运用色彩的不同的明度、彩度与色相变化来有意识地营造或明亮、或沉静、或热烈、或严肃的不同风格的空间效果。

1. 色彩的搭配法则

家居色彩黄金比例为6 ：3 ：1，其中“6”为背景色，包括基本的墙、地、顶的颜色；“3”为搭配色，包括家具的基本色系等；“1”为点缀色，包括装饰品的颜色等。这种搭配比例可以使家中的色彩丰富，但又不显得杂乱，主次分明，主题突出（如图4-10）。

图4-10

2. 限定色彩数量

在设计和方案实施的过程中，空间配色最好不要超过三种颜色，但如果客厅和餐厅连在一起，则视为同一空间。白色、黑色、灰色、金色、银色不计算在三种颜色的限制之内。但金色和银色一般不能同时存在，在同一空间只能使用其中一种。

图案类以其呈现色为准。例如一块花布有多种颜色，由于色彩有多种关系，所以专业上以主要呈现色为准，办法是眯着眼睛即可看出其主要色调。但如果一个大型图案的个别色块很大的话，同样得视为一种颜色（如图4-11）。

3. 不同空间的配色方案

空间配色方案要遵循一定的顺序；可以按照硬装—家具—灯饰—窗帘—地毯—床品和靠垫—花艺—饰品的顺序。

4. 恰当地采用对比色

通过对比色强调和点缀环境的色彩效果。如明与暗的对比，高纯度与低纯度相对比，暖色与冷色相对比等，但是对比色的选用应避免太杂，一般在一个空间中选用2～3种主要颜色对比组合为宜（如图4-12）。

图4-11

图4-12

5. 色彩的混搭

虽然在家居装饰中常常会强调，同一空间中最好不要超过三种颜色，色彩搭配不协调容易让人产生不舒服的感觉。但是，三种颜色显然无法满足一部分个性达人的需要，不玩混搭太容易审美疲劳了。

想玩转色彩，秘诀就在于掌握好色调的变化。两种颜色对比非常强烈时，常需要通过一个过渡色，例如嫩嫩的草绿色和明亮的橙色在一起会很突兀，可以选择鹅黄色作为过渡。蓝色和枚红色放到一起跳跃感太明显，可以加入紫色来牵线搭桥。过渡的点缀可以以软装的形式来体现。比如沙发、布艺、花艺等。这样多种色彩就能够在协调中结合，从视觉上削弱色彩的强度（如图4-13）。

图4-13

6.巧妙运用白色

白色是和谐万能色，如果同一空间里各种颜色都很抢眼，互不相让，可以加入白色进行调和，白色可以让所有颜色都冷静下来，同时提高亮度，让空间显得更加开阔，从而弱化凌乱感。所以在装修工程中，白墙和白色的天花是最保守的选择，可以给色彩搭配奠定发挥的基础，而如果墙面、天花、沙发、窗帘等都用了颜色，那么家具选择白色，也统一能起到增强调和感的效果（如图4-14）。

7.万能的米色

米色系的米白、米黄、驼色、浅咖啡色都是十分优雅的颜色，米色系和灰色系一样百搭，但灰色太冷，米色则很暖。相比白色，米色含蓄、内敛又沉稳，并且显得大气时尚。当米色应用在卧室墙面的时候，搭配繁花图案的床上用品，让人感觉就像沐浴在春日阳光里一般香甜。即便是一块米色的毛皮搭毯，都能让家居顿时暖意洋洋（如图4-15）。

图4-14

图4-15

软装饰设计流程

好的设计师对于家的设计是整体的，它牵扯到整个后期配饰和情景布置，目前的操作流程基本是硬装设计完成确定后，再由软装公司设计软装方案，甚至是在硬装施工完成后再由软装公司介入。其实软装设计工作最好在硬装设计之前就介入，或者与硬装设计同时进行。那么软装设计的服务流程是怎样的？先通过两张图来看下操作流程，然后再进行详细介绍（图5-1、图5-2）。

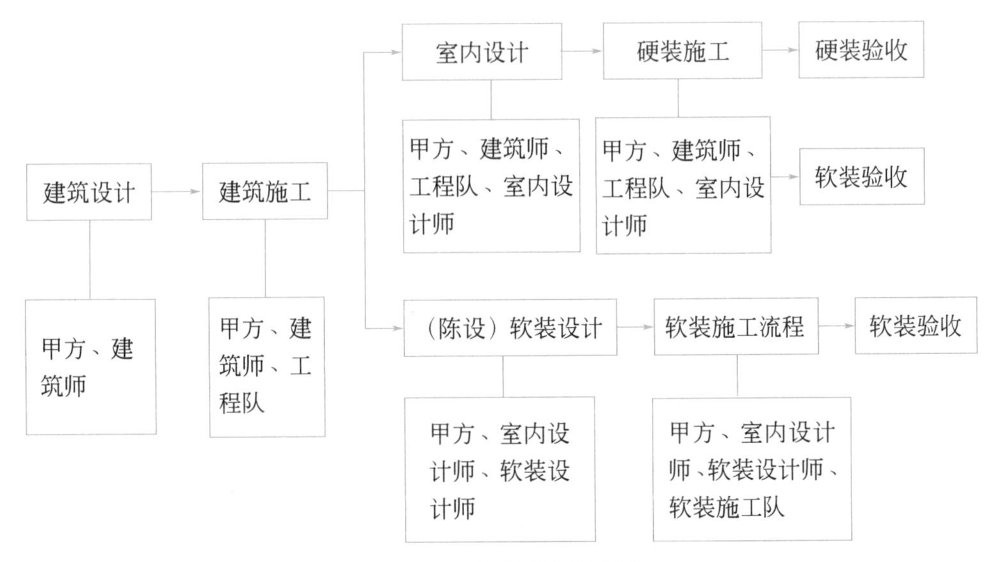

图5-1 建筑项目操作流程图

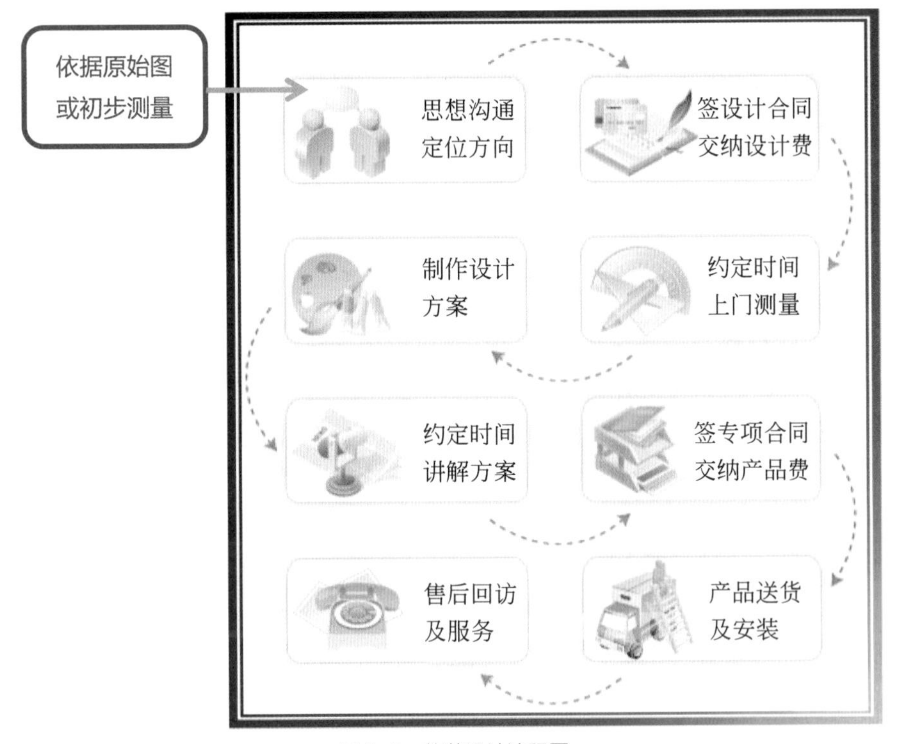

图5-2 软装设计流程图

第一节　做出让甲方满意的设计方案

设计师的首要任务是做出让甲方满意的设计方案。在这一过程中，首先需要进行的是与甲方进行沟通。通过家庭成员、空间流线、日常习惯、收藏爱好等各个方面与甲方进行沟通，捕捉甲方深层次的需求特点，详细研究户型图、硬装设计图，观察并了解硬装现场的色彩关系及色调，控制软装设计方案的整体色彩。

一、设计师与甲方沟通并进场测量

1.与甲方沟通事项

包括生活习惯、文化喜好、空间流线（生活动线）——人体工程学，尺度。通过这几个内容努力捕捉客户深层的需求点，注意空间流线是平面布局（家具摆放）的关键。

2.进入现场实地测量

确定初步合作意向后，设计师上门观察房子，了解硬装基础，测量各个空间的尺寸大小，并给屋里的各个角落拍照，包括平行透视（大场景）、成角透视（小场景）和节点（重点局部）。收集硬装节点，绘制出室内基本的平面图和立面图。测量是硬装后测量，在构思配饰产品时对空间尺寸要把握准确。

3.对色彩元素进行探讨

详细观察了解硬装现场的色彩关系及色调，对整体方案的色彩要有总的控制：浅暖、深暖，浅冷、深冷。把握三个大的色彩关系：背景色、主体色、点缀色及其之间的比例关系。

在做软装配饰设计时要把色彩的关系确定后，做到既统一又有变化，并且符合生活要求。

4.风格元素探讨

明确地与客户探讨设计风格。前提是在尊重硬装风格的基础上，尽量为硬装做弥补与烘托，收集硬装节点（拍照）。

在探讨中强调风格定位。以客户的需求结合原有的硬装风格，注意硬装与后期配饰的和谐统一性，与客户沟通时要尽量从装修时的风格开始，涉及家具、布艺、饰品等产品细节的元素探讨，捕捉客户喜好。

5.初步构思（定位方案）

设计师综合以上4个环节对平面草图进行初步布局，把拍照元素进行归纳分析，初步选择配饰产品（家具、布艺、灯饰、饰品、画品、花品、日用品、软装材料）。构思阶段，需要设计师对产品进行分析初选。

在这个环节中首次测量的准确性对初步构思起着关键作用。

6.确定初步方案

按照配饰设计流程进行方案制作。注意产品的比重关系（家具60%、布艺20%、其他均分20%）。

在这一环节中如果是刚开始学习配饰的人，最好做2 ～ 3套方案，使客户有所选择。

二、签订设计合同

初步方案经客户确认后签订《软装设计合同》，并探讨费用支付问题。第一期设计费：按设计费总价的60%收取，测量费并入第一期设计费，如3日内提出对初步方案不满意，可在扣除测量费后全额退还第一期设计费并解除合同。

三、二次空间测量

设计师带着基本的构思框架到现场反复考量，对细部进行纠正和产品尺寸核实，尤其是家具，要从长宽高全面核实，反复感受现场的合理性。

本环节是配饰方案的实操关键环节。

四、软装方案制定

在定位方案与客户达到初步认可的基础上，通过对于产品的调整，明确在本方案中各项产品的价格及组合效果，按照配饰设计流程进行方案制作，出台完整配饰设计方案。

本环节是在初步方案得到客户的基本认同的前提下出的正式方案，可以在色彩、风格、产品、款型认可的前提下做两种报价形式（一个中档、一个高档），以便客户有一个可以接受的余地。

1.配饰元素信息采集

① 品牌选择（市场考察）；

② 定制：要求供货商提供CAD图，产品列表，报价；

③ 布艺、软装材料选择：产品考察；

④ 制作产品采集表：灯具、饰品、画品、花品、生活用品等（如图5-3）。

2.方案讲解

给客户系统全面地介绍正式方案，并在介绍过程中不断反馈客户的意见，以便下一步对方案进行修改，征求所有家庭成员的意见，进行归纳。

好的方案仅占30 ～ 40分，另外的60 ～ 70分要取决于设计师的有效表达，在介绍方案前要认真准备，精心安排。

3.方案修改

在与客户进行完方案讲解后，针对客户反馈的意见进行方案调整。包括色彩调整、风格调整、配饰元素调整与价格调整，深入分析客户对方案的理解。

序号	项目	产品示意图片	产品描述
1	家具		实木框架、进口面料
2	灯具		水晶、布艺
3	布艺		台湾高档面料
4	地毯	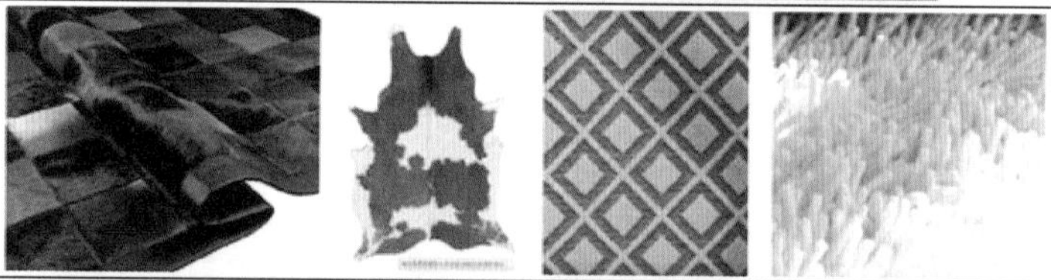	牛皮 / 优质羊毛
5	饰品道具	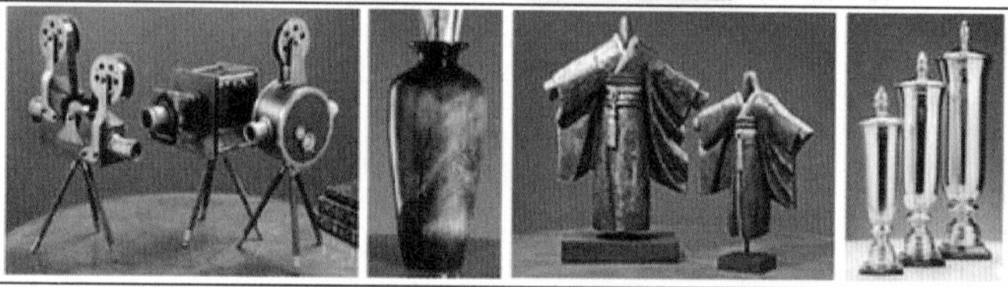	进口饰品(结合开发商的项目定位及空间功能)
6	花艺绿植		国内知名花艺师创作,优质花材
7	壁挂画品		国内名家画作限量复制品 / 美院教授原创作品 / 进口画芯
8	生活用品		根据空间的使用功能,搭配体现高档生活品质的生活用品

图5-3

客户对方案的调整有时与专业的设计师有区别，需要设计师认真分析客户理解度，这样方案的调整才能有针对性。

4.确定配饰产品

与客户签订采买合同之前，先与配饰产品厂商核定产品的价格及存货，再与客户确定配饰产品。按照配饰方案中的列表逐一确认产品。其中家具品牌产品，要先带客户进行样品确定。定制产品，设计师要向厂家索要CAD图并配在方案中。

本环节是配饰项目的关键，为后面的采买合同提供依据。

五、签订采买合同

1.与客户签订采买合同，与厂商签订供货合同

① 与客户签订合同，尤其是定制家具部分，要在厂家确保发货的时间基础上再加15天；

② 与家具厂商签订合同中加上毛茬家具生产完成后要进行初步验收；

③ 设计师要在家具未上漆之前亲自到工厂验货，对材质、工艺进行把关。

2.购买产品

在与客户签约后，按照设计方案的排序进行配饰产品的采购与定制。一般情况下，配饰项目中的家具先确定并采购（30 ~ 45天），然后是布艺和软装材料（10天），其他配饰品如需定制也要考虑时间。

要点：细节决定设计师的水平。

3.产品进场前复尺

在家具即将出厂或送到现场时，设计师要再次对现场空间进行复尺，已经确定的家具和布艺等尺寸在现场进行核定。

要点：这是产品进场的最后一关，如有问题尚可调整。

第二节　软装设计施工

一、软装进场流程

软装设计师在家具未上漆之前亲自到工厂验货，对材质、工艺进行初步验收和把关，在家具即将出厂或者送到现场时，设计师要再次对现场空间进行复尺，确保家具和布艺的尺寸与现场相符合。

软装采购完成→整理（库房整理货物及分货，协调摆场、货物运输及人员安排，人员包括跟场设计人员和各工种工人）→摆放（到达现场后协调工人摆放物品到位）→细节调整（摆放大体完成后进行细节调整）→验收交接

二、软装物品安装顺序

配饰产品到场时，软装设计师亲自到现场参与摆放，对于软装整体配饰的组合摆放要充分考虑到各个元素之间的关系以及业主的生活习惯。

安装灯具→家具落位→安装装饰画→挂装窗帘→铺放地毯、床品→摆放花艺、饰品

三、软装施工过程中的注意事项

1. 家具

① 在订购时需提前确认入户门的宽度和高度，运输通道是电梯还是步行梯（电梯需确认轿厢门轿厢内的宽度和高度，步行梯要确认楼梯间通道的宽度、高度），避免家具体量过大，无法进到房间内。

② 摆场过程中对现场进行保护，如在地面、门框、楼梯扶手位置铺垫泡沫、保护膜，以免家具运输过程中，造成损害。

2. 窗帘

提前准备好挂烫机，窗帘安装好后需要熨烫，即可以整理窗帘，又可以排除纤维面料摩擦引起的静电。

3. 装饰画

① 提前勘察墙体是否承重满足装饰画打孔安装。

② 墙面挂饰要考虑到自身重量，石膏板墙面不能挂过重的装饰挂件或装饰画。

③ 硬包墙面要在分缝处安装挂件，以免挂画时破坏墙面造型。

四、售后服务

软装配饰安装完成后，软装公司对业主室内的软装展厅配饰进行保洁，并定期回访，如部分软装家具出现问题，及时送修。

1. 保洁

软装配置完成后做一次性保洁。

2. 保修

回访跟踪、保修勘察及送修。

第三节　案例解析

软装的设计要更注重实用性，虽然在做方案的时候，设计师都会融合一些情境图片来烘托氛围，但是软装设计最终还要落实到实物上，所以在选择图片的时候，效果

好是一方面，更重要的还要考虑到所选的物品在实施中能否采购得到或制作得了。物品的明细设计，家具、窗帘、灯饰等软装物品在方案的展示要有的放矢，重要的物品展现出来，一些不是很重要的物品可以在报价清单里面体现。

本案例详细解析软装设计的设计步骤与要点，初学者可以参照此案例进行初步设计操作。

一、前期工作

1.项目分析

王先生

年龄：28岁

职业：自由画家

居住地：北京

婚否：未婚

爱好：画画、摄影、收藏、旅行

生活方式：全天在家创作，放松时听音乐、跑步、和朋友聚会。追求一种简单自由的生活方式，喜欢以现代夸张的手法去创作作品，希望尽其所能地拆散阻隔在艺术与生活之间的人为栅栏，让生活具有“艺术”的价值，或者让“艺术”转变成为生活的本身，并追求精神上的永恒。

2.设计定位

（1）风格定位

软装的设计风格基本都延续硬装的风格，虽然硬装可以因为软装的不同而不同，但一个空间不可能完全把软装和硬装割裂开来，更好地协调两者才是大众最认可的方式。近几年，装饰风格不断演变，更多的设计师喜欢混搭，别有一番感觉。软装属于商业艺术的一种，不能说哪种风格一定是好还是不好，只要适合业主的就是最好的。设计师可根据实际情况来决定做某种纯粹的风格还是混搭风格。

本案例风格定义为现代主义风格，以不羁、品质、自由为主。

（2）色彩定位

一套作品中，色彩具有无可比拟的重要性，同样的摆设手法，会因为色彩的改变，气质完全不同。软装色彩遵循设计的色彩原理，一个空间要有一个主色调，一两个辅助色调，再搭配几个对比色或邻近色，整个空间的效果就出来了。软装设计当中，设计主题定位之后，就要考虑空间的主色系，运用色彩带给人的不同心理感受进行规划。

本案例以咖色、黛蓝色、黄色、琥珀色、高级灰等色调为主。

（3）材质分析

优秀的软装设计师一定要非常了解软装所涉及的各种材质，不但要熟悉每种材质的优劣，还要掌握如何通过不同材质的组合来搭配合适风格的空间。

每一种材质都有其独有的气质，就像香水再香也不能多瓶香水混用一样，一定要通盘思考整个空间，硬装的材质都要思考在内。

本案例材质上以布艺、皮革、金属、木材、羊毛、棉麻为主。

（4）格调定位

格调是作品的灵魂。一个软装设计方案，应该以什么格调切入才能完美地表达整个空间，这是要软装设计师不断思考和探索的。格调的来源可以是多样化的，借鉴硬装的设计元素也是一个方向。

本案例格调定位内容为宁静、专注、自在、品位。

（5）生活方式定位

这是主人日常生活的体现，也是对其性格、爱好、职业等综合的一种体现，设计师在设计中要着重把握这一点。

本案例生活方式定位为慵懒、自然、放松、自由。

3.平面展示

一般来讲，一个建筑在设计初期，就会对空间的使用进行合理规划，硬装设计部分对空间的平面都会有非常详细的设计，所以到软装这个环节，空间布局部分发挥的余地就不是很大。但也有一些大型的空间，如售楼处、宴会厅等，布局可以有多种形式，软装设计师可以在此发挥。只是在平面规划中，对家具尺度的把握要特别注意，比如一些客厅、主卧里面放洽谈椅或休闲沙发，整个体量感是完全不一样的，一定要根据实际空间来掌控（如图5-4、图5-5）。

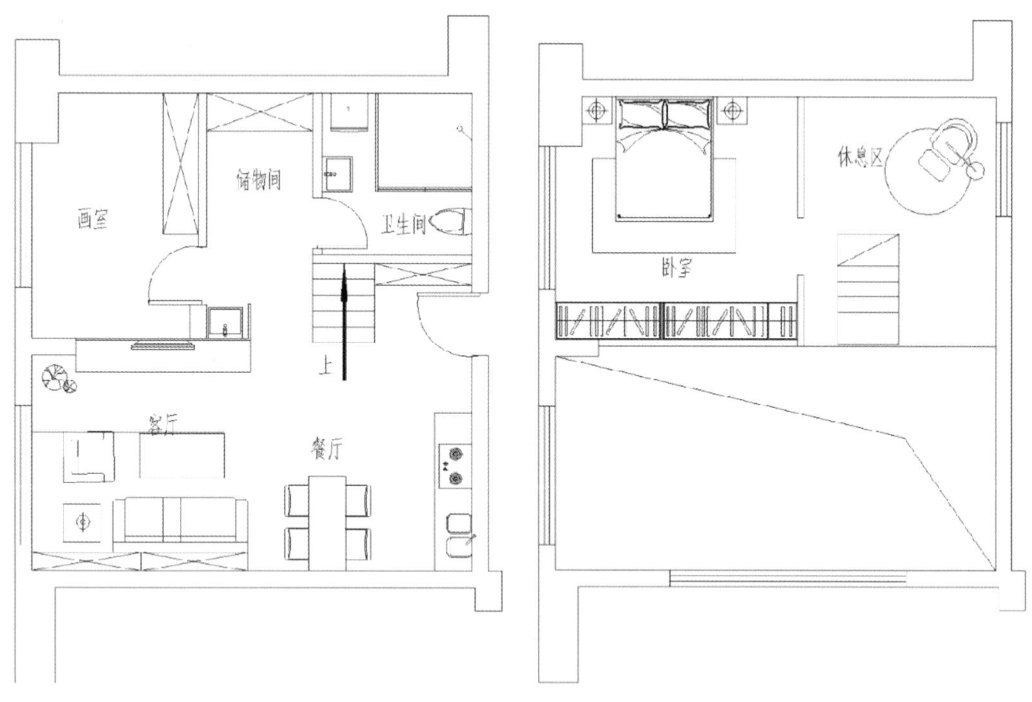

图5-4　　图5-5

二、设计

空间示意图如下。

洗手间

客厅1

客厅2

餐厅

厨房

1F 会客厅方案

1F 会客厅生活状态

1F 会客厅点位图

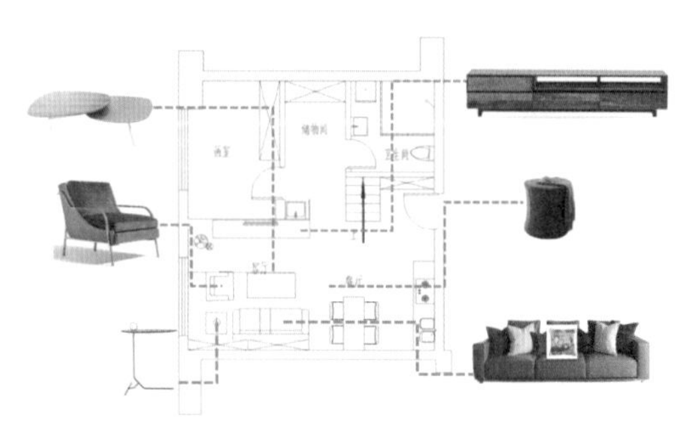

1F 餐厅方案

1F餐厅点位图

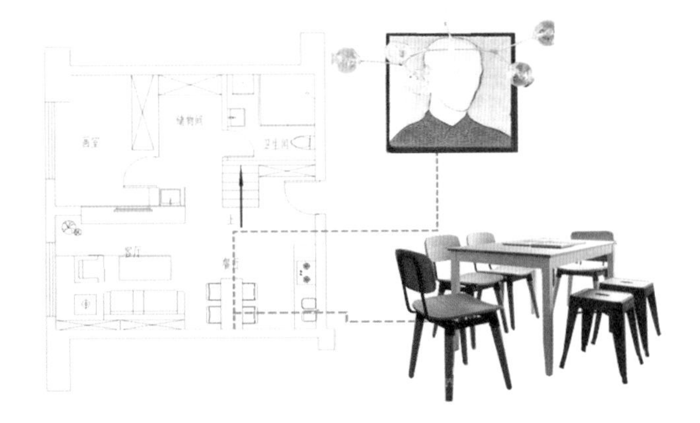

1F画室方案

2F卧室方案

2F卧室点位图

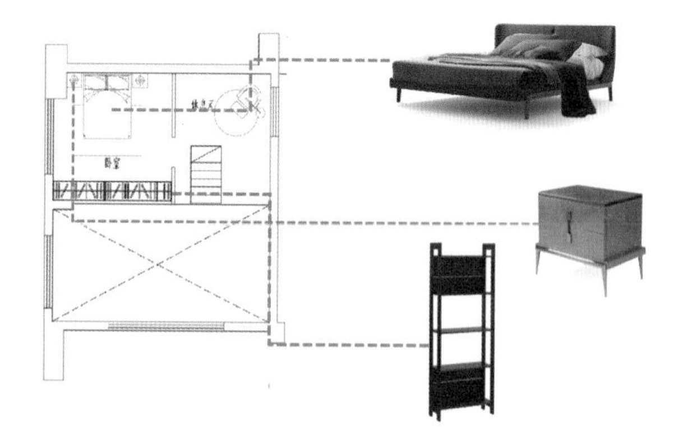

2F休息区方案

2F休息区点位图

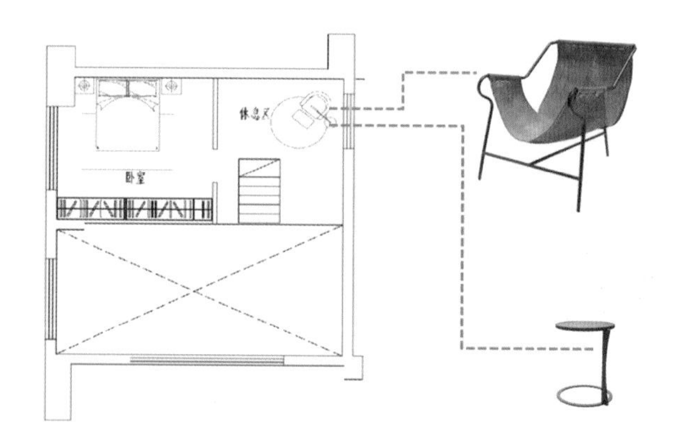

三、报价

方案报价清单（略）。

软装设计手作实训

第一节　手绘软装草图

设计表现技法在前面的课程中，大家都已经学习过，此处就不再重复。本节主要总结了一些软装草图的手绘技巧。

一、钢笔画表现

钢笔画尽管没有颜色，但是尖利的笔锋和硬朗的线条，可以达到对空间结构准确的描述。在透视技法中，除了为钢笔水彩或钢笔马克笔的实体结构描绘外，也可以独立成章，细部刻画严谨准确，结合点、线的各种叠加表现丰富的空间层次。

钢笔室内空间快速表现的步骤：

① 把室内空间的造型、家具、摆设等内容用铅笔（几何体部分）以分组的形式界定下来，使本来复杂的空间关系变成简单的几何体。

② 把几何体内的造型用流利的线条勾画下来。

③ 把几何体外较简单的造型用钢笔或铅笔勾画下来。

④ 用钢笔把几何体内的造型勾完线后，再把画几何体的铅笔线擦掉，最后加以植物等配景以及物体的落影（如图6-1、图6-2）。

图6-1

图6-2

二、水彩画表现

水彩画淡雅且层次分明，结构表现清晰，适合表现结构变化丰富的空间环境。水彩的渲染技法有平涂、叠加、退晕等，结合钢笔或者铅笔线稿，更加有利于对空间结构的表达。但是水彩的色彩明度变化范围小，画面效果不够醒目，作图也比较费时（如图6-3 ~图6-6）。

图6-3

图6-4

图6-5

图6-6

三、马克笔表现

马克笔技法的表现画面风格醒目，是一种商业化的快速表现技法，结合钢笔技法同时使用，可以准确、快速地表现空间形式。

马克笔表现技法的注意事项：

① 用笔要随形体走，方可表现形体结构感。

② 用笔用色要概括，应注意笔触之间的排列和秩序，以体现笔触本身的美感，不可零乱无序。

③ 不要把形体画得太满，要敢于“留白”。

④ 用色不能杂乱，用最少的颜色尽量画出丰富的感觉。

⑤ 画面不可以太灰，要有阴暗和虚实的对比关系。

如图6-7 ~图6-9。

图6-7

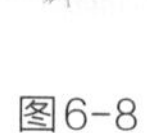

图6-8

图6-9

第二节　软装设计模型制作

一、模型制作的必要性

建筑模型的制作，绝不是简单的仿型制作，它是材料、工艺、色彩、设计理念的组合。通过软装设计的模型制作及实践能够加深学生对设计风格的理解，使学生能够更深程度地掌握室内软装的设计手法及搭配技巧（如图6-10、图6-11）。

图6-10

图6-11

1.将室内设计更加直观地表现出来

一般来说，模型的展示内容非常全面、客观，它能够将室内设计的各方面都呈现在我们的面前，是室内设计直观性的体现，例如：住宅内部的实际空间、住宅的各角度截面等。效果图表现的是一种平面内的映射过程，我们可以在此过程中建立透视效果，但是它在一定程度上无法将设计中的纹路、凹凸变化表现出来。而现代的模型制作可以对这些方面进行处理，处理的内容主要是各种外观性的材料，比如：室内的高光投影、塑料隔板的涂料、材料镀金层、塑胶外包装等，它能够使室内模型更加完善，人们可以从中看出一种“虚拟真实的感受”，使室内模型真正显示出那份动态形式。其中包括房屋内壁的设置、玻璃门窗的效果以及墙体之间的纹路形成。

如图6-10所示，该图是室内软装设计模型。我们可以从中看出整个屋子的具体结构，包括灯光的照射角度，以及整个屋子的布局。我们甚至可以看到各家具的摆放位置与楼梯连接部分的间隔。这种虚实结合的模型确立使得室内设计的真实感更加强烈，更加具有动态形象。

图6-12

2. 模型能够更加直观地体现物体的立体状态

任何在人们眼中形成投影的物体都是以两种形式存在，一种是表征状态，另一种是立体状态。而室内设计的模型也不例外，室内建筑的物体表面会呈现出两种形式，一种是材料形态、一种是颜色上的视觉感，任何复杂的模型都脱离不开其中的转换。另外，从立体状态的角度来看，设计者在视觉上将室内模型进行刻制，从整体布局上来看其平衡特性（如图6-12）。

图6-13

3. 模型制作能够更清晰地表达设计师的设计构思

进行模型制作对设计者设计思维和整体搭配能力起到非常重要的作用。在制作中包括材料选择、效果表现、模型色彩等多方面都需要设计者反复衡量，促使设计者对设计作品进行深度的思考设计，内容复杂多样，包罗万象。而且其中还涉及绿化制作设计，需要从绿化与设计风格的关系、绿化与建筑主体的关系、绿化中树木形体的塑造、绿化树木的色彩等几方面进行考虑（如图6-13、图6-14）。

图6-14

二、建筑模型的制作方法

模型制作基本方法，目前阶段以用途较广的雪弗板为模型主体框架来进行制作。

1. 前期设计

室内模型的制作设计，首先要取得几套住宅户型的图纸，并从中选出较优秀的方案，并进行室内模型制作设计，依据图纸及要求并结合所采用的模型材料进行前期策划。主要从室内软装风格、空间整体与局部、材料选择、效果表现、模型色彩等方面进行设计。

2. 材料选购

材料包括：雪弗板、壁纸、木纹贴纸、薄木板、强力胶、有机玻璃片、透明PVC、木条、模型草皮、壁纸刀、小锯子、模型树、丙烯颜料、窗帘布、沙发布等（图6-15）。

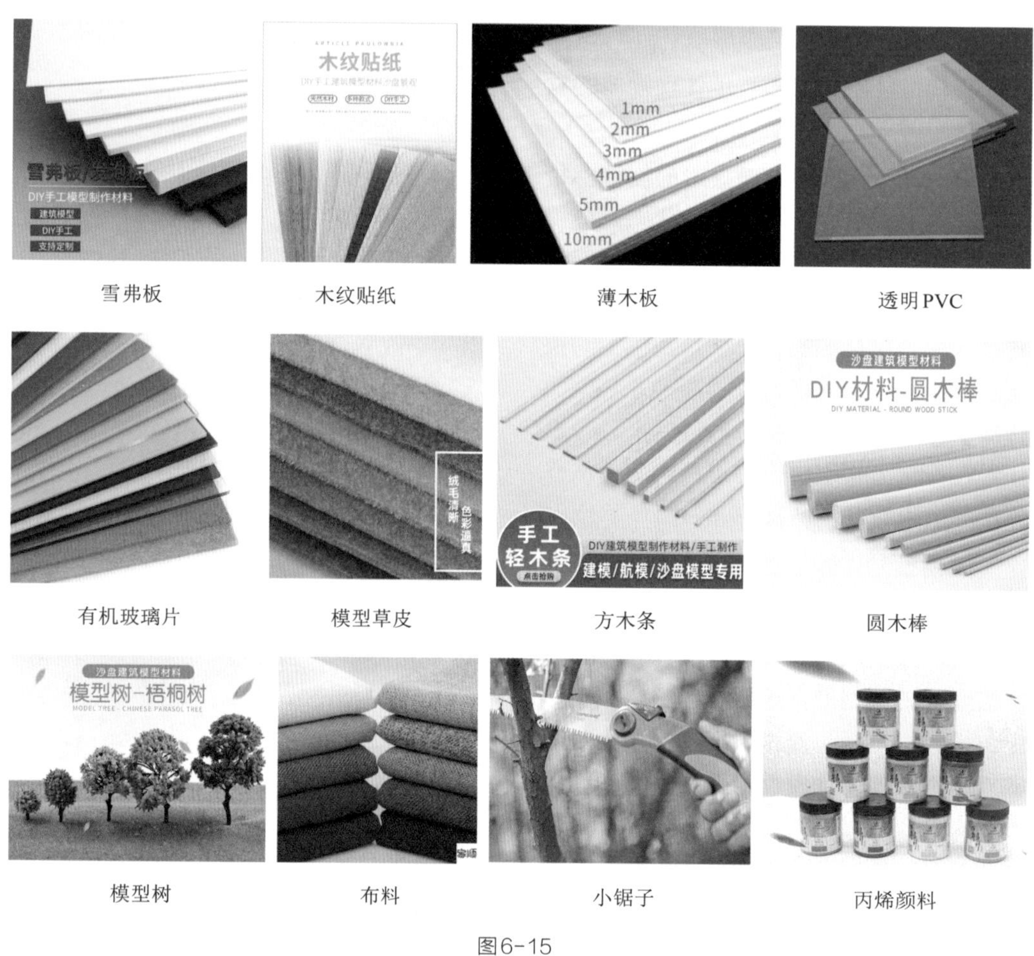

雪弗板　木纹贴纸　薄木板　透明PVC

有机玻璃片　模型草皮　方木条　圆木棒

模型树　布料　小锯子　丙烯颜料

图6-15

3. 着手制作

① 首先按照制作比例画出住宅平面图，将图纸平贴在模型底板上，再按照比例在纸板上量出所需部件，进行剪裁和粘贴。

② 粘贴壁纸和地板贴纸。可以直接购买，也可以根据风格自己手绘。

③ 然后按照整体设计风格进行制作，包括家具、布艺、装饰品、绿植等软装细节。

制作比例：1 ： 25

户型建筑面积：120m^2 ~ 150m^2

具体要求：功能分区包括客厅、餐厅、厨房、客卧室、主卧室、书房、卫生间，室内各房间的软装配饰制作要求比例正确、选材合适、精巧细致、色彩搭配协调（如图6-16 ~图6-21）。

图6-16

图6-17

图6-18

图6-19

图6-20

图6-21

第三节　软装配饰制作及应用

随着人民生活水平的不断提高，审美眼光的不断改变，室内的软装风格也是千变万化，人们对软装饰品的要求也越来越高，需求也越来越多。试想一下如果室内家居没有了装饰品，那就会变得光秃秃的空旷而没有生机，有再好的硬装修也让人无法接受。软装饰品极大地美化了室内环境，烘托整体设计氛围，为居室空间增添情趣，凸显了整体设计风格，在整体居室设计中起到画龙点睛的重要作用（如图6-22、图6-23）。

图6-22

图6-23

进行软装饰品制作，能够促使我们关注生活中的设计，提高艺术审美能力和生活情趣，培养热爱生活的情感。能够认识美和创造美，提高人们在创造和谐温馨的生活中的魅力，装点我们的居室。

手作软装是用我们的巧手因材施艺，变废为宝。把生活中随处可见的普通材料，运用设计美学，通过艺术再创造来进行制作，即增强了动手能力，又建立设计意识，而且能够以自己喜欢的形式，运用自己掌握的各种知识和技能为自己和家人、朋友设计制作一件满意的室内装饰品，美化我们的居住环境，为生活增添一份情趣（如图6-24、图6-25）。

图6-24

图6-25

以下内容为常见装饰品的介绍及制作方法，有兴趣的同学可以拓展学习。

拓展学习：配饰手作实训

参考文献

[1] 李江军.软装设计手册.北京：中国电力出版社，2017.
[2] 简名敏.软装设计师手册.南京：江苏人民出版社，2011.
[3] 严建中.软装设计教程.南京：江苏人民出版社，2013.
[4] 赵福才.建筑室内色彩表现手绘教程.杭州：中国美术学院出版社，2011.
[5] 李亮.软装陈设设计.南京：江苏凤凰科学技术出版社，2018.